Overall design of home decoration

全案装饰设计教程

王翠凤◎编著

·风格搭配 ·配色法则 ·灯光照明 ·布艺应用

中国电力出版社
CHINA ELECTRIC POWER PRESS

内容提要

本书包括家居装修的前期规划、预算制订、风格定位、材料选择、空间色彩搭配、空间界面设计、施工工艺、监理验收、软装设计技法九章。书中内容是作者根据丰富的经验总结归纳出的一个适合实际应用的家居设计体系。本书内容通俗易懂，不仅可以作为室内设计师和相关从业人员提升进阶的工具书，也可以作为业主装修新家、学习家装知识的参考书。

图书在版编目（CIP）数据

全案装饰设计教程 / 王翠凤编著 . — 北京 ：中国电力出版社，2022.4
ISBN 978-7-5198-6610-5

Ⅰ . ①全… Ⅱ . ①王… Ⅲ . ①室内装饰设计－教材 Ⅳ . ① TU238.2

中国版本图书馆 CIP 数据核字（2022）第 045672 号

出版发行：中国电力出版社
地　　址：北京市东城区北京站西街 19 号（邮政编码 100005）
网　　址：http://www.cepp.sgcc.com.cn
责任编辑：曹　巍　（010-63412609）
责任校对：黄　蓓　王小鹏
装帧设计：唯佳文化
责任印制：杨晓东

印　　刷：北京瑞禾彩色印刷有限公司
版　　次：2022 年 4 月第一版
印　　次：2022 年 4 月北京第一次印刷
开　　本：787 毫米 ×1092 毫米　16 开本
印　　张：15
字　　数：416 千字
定　　价：88.00 元

前言

一个完整的家居空间装修包括硬装和软装两部分。硬装主要是按照一定的设计要求，对家居内部空间的六大界面进行二次处理，也就是对通常所说的吊顶、墙面、地面，以及分割空间的实体、半实体等内部界面进行处理。软装是指在硬装完成以后，利用家具、灯具、挂件、摆件、布艺等饰品元素对家居空间进行陈设与布置。作为可移动的装修，更能体现居住者的品位，是营造空间氛围的点睛之笔。

综合而言，硬装和软装的关系密不可分，想要在后期制订一个好的软装设计方案，一定要了解前期硬装的细节。目前，在国内流行较广的全案设计是指从硬装设计开始，再到软装布置完成，最后让业主入住的全过程设计，所以软装设计其实不是简单的饰品的搭配，而应该是从室内装修开始，以墙面、顶面的界面设计为基础，再以色彩搭配和照明、布艺以及饰品陈设为重点，层层深入的设计。

要想成为一名合格的家装设计师，不仅要了解多种多样的室内风格和材料的应用，还要培养一定的色彩美学修养，更要了解品类繁多的软装元素的设计法则。如果仅有空乏枯燥的理论，而没有进一步的形象描述，很难让一些缺乏专业知识的人学好设计。

本书将“功能化硬装”与“个性化软装”全面融入设计中，提供硬装与软装一步到位的整体化方案。本书内容包括家居装修的前期规划、预算制订、风格定位、材料选择、空间色彩搭配、空间界面设计、施工工艺、监理验收、软装设计技法等章节。这些是完成家居装修必须要了解和掌握的基础知识，同时也是笔者根据多年经验构建出的一个适合实际应用的家居设计体系。

本书内容通俗易懂，摒弃了家装类图书诸多枯燥的理论，以图文形式给读者带来一堂颇具深度的装修课。本书不仅可以作为室内设计师和相关从业人员提升进阶的工具书，同时也可以作为业主装修新家、补习专业知识的参考手册。

编者

2022 年 3 月

目录

Contents

前言

第1章 家居装修前期规划 9

1.1 家居装修准备事项……10

1.1.1 空间功能格局划分……10
1.1.2 空间平面布局规划……11
1.1.3 考虑家庭成员的数量和生活方式……12
1.1.4 软装设计的介入时机……12
1.1.5 软装物品的采购……13

1.2 家居装修术语解读……14

1.2.1 硬装……14
1.2.2 软装……14
1.2.3 强电……14
1.2.4 弱电……14
1.2.5 主材……15
1.2.6 辅材……15
1.2.7 承重墙……15
1.2.8 非承重墙……15
1.2.9 配重墙……15
1.2.10 剪力墙……15
1.2.11 清包……16
1.2.12 半包……16
1.2.13 全包……16
1.2.14 纯设计……17
1.2.15 整装……17
1.2.16 首期款……17
1.2.17 中期款……17
1.2.18 装修尾款……17
1.2.19 设计变更……17
1.2.20 工程过半……18
1.2.21 工程分阶段验收……18
1.2.22 装修保修期……18

1.3 家居装修流程步骤……19

1.3.1 硬装阶段流程步骤……19
1.3.2 软装阶段流程步骤……20

第2章 家居装修预算制订 23

2.1 家居装修预算比例分配……24

2.1.1 硬装和软装的预算占比……24
2.1.2 家居装修预算的内容……24
2.1.3 软装预算的合理分配……26

2.2 家居装修预算制订原则……27

2.2.1 家居装修预算的重点……27
2.2.2 制订预算的基本程序……28
2.2.3 支出计划预算表……28

2.3 家居装修预算报价单……31

2.3.1 预算报价单的内容……31
2.3.2 预算报价单的常见误区……32
2.3.3 预算报价单的审核……33

2.4 家居装修常用预算表……34

2.4.1 房屋基本情况记录表……34
2.4.2 装修款核算记录表……35
2.4.3 装修款核算表……35

第3章 家居装修风格定位 37

3.1 现代风格……38

3.1.1 极简风格……39
3.1.2 轻奢风格……40
3.1.3 北欧风格……41
3.1.4 日式风格……42

3.2 创新风格……43

3.2.1 新中式风格……44
3.2.2 新古典风格……45

3.3 异域风格……46
3.3.1 地中海风格……47
3.3.2 东南亚风格……48
3.4 乡村风格……49
3.4.1 美式乡村风格……50
3.4.2 法式乡村风格……51
第4章
家居装修材料选择 53
4.1 水电材料……54
4.1.1 PPR 水管……54
4.1.2 PVC 排水管……55
4.1.3 铜塑复合管……56
4.1.4 铝塑复合管……56
4.1.5 电线……57
4.1.6 穿线管……58
4.1.7 接线暗盒……58
4.1.8 开关、插座……59
4.2 顶面材料……60
4.2.1 龙骨……60
4.2.2 铝扣板……61
4.2.3 硅酸钙板……61
4.2.4 石膏板……62
4.2.5 PVC 扣板……63
4.2.6 石膏浮雕……63
4.3 墙面材料……64
4.3.1 文化石……64
4.3.2 文化砖……65
4.3.3 软包……66
4.3.4 硬包……67
4.3.5 墙布……69
4.3.6 手绘墙纸……70
4.3.7 镜面玻璃……72
4.3.8 玻璃砖……73
4.3.9 大理石……74
4.3.10 艺术涂料……75
4.3.11 墙绘……76
4.3.12 护墙板……77
4.3.13 马赛克……79
4.4 地面材料……81
4.4.1 水泥砖……81
4.4.2 玻化砖……82
4.4.3 仿古砖……83
4.4.4 实木地板……84
4.4.5 实木复合地板……86
4.4.6 强化复合地板……87
4.4.7 拼花木地板……88
4.4.8 踢脚线……89
4.5 厨卫设备……90
4.5.1 整体橱柜……90
4.5.2 地漏……93
4.5.3 水槽……94
4.5.4 水龙头……95
4.5.5 浴缸……97
4.5.6 淋浴房……98
4.5.7 洗脸盆……99
4.5.8 坐便器……100
4.5.9 浴室柜……101
第5章
家居装修空间色彩搭配 103
5.1 空间色彩搭配原则……104
5.1.1 空间色彩比例分配……104
5.1.2 空间色彩数量设置……106
5.1.3 空间的色彩印象确定……107
5.1.4 突出空间的视觉中心……107
5.1.5 居住者色彩喜好分析……108
5.2 不同居住人群的色彩定位……109
5.2.1 儿童空间色彩定位……109
5.2.2 老人空间色彩定位……111
5.2.3 男性空间色彩搭配……112
5.2.4 女性空间色彩搭配……113
5.3 空间色彩的主次关系……114
5.3.1 背景色……114
5.3.2 主体色……115
5.3.3 衬托色……115
5.3.4 强调色……116

5.4 空间常用配色方式……117
5.4.1 相似色搭配法……117
5.4.2 相反色搭配法……118
5.4.3 同系色搭配法……119
5.4.4 中性色搭配法……120
5.5 利用色彩调整空间缺陷……121
5.5.1 调整空间的进深……121
5.5.2 调整空间的视觉层高……122
5.5.3 营造空间的宽敞感……123
5.5.4 增加采光不足的空间亮度……124
5.6 家居功能区域的配色重点……125
5.6.1 客厅色彩应用……125
5.6.2 卧室色彩应用……129
5.6.3 餐厅色彩应用……130
5.6.4 书房色彩应用……131
5.6.5 厨房色彩应用……132
5.6.6 卫浴间色彩应用……133
第6章 家居装修空间界面设计 135
6.1 吊顶设计……136
6.1.1 乡村风格吊顶设计……136
6.1.2 现代风格吊顶设计……137
6.1.3 中式风格吊顶设计……139
6.1.4 欧式风格吊顶设计……140
6.1.5 井格式吊顶设计……142
6.1.6 悬吊式吊顶设计……142
6.1.7 平面式吊顶设计……143
6.1.8 灯槽式吊顶设计……143
6.1.9 迭级式吊顶设计……144
6.1.10 线条式吊顶设计……144
6.2 墙面设计……145
6.2.1 客厅墙面设计……145
6.2.2 卧室墙面设计……147
6.2.3 餐厅墙面设计……148
6.2.4 儿童房墙面设计……150
6.2.5 过道墙面设计……151
6.2.6 厨房墙面设计……153
6.2.7 卫浴间墙面设计……155
6.2.8 现代风格墙面设计……157
6.2.9 乡村风格墙面设计……159
6.2.10 欧式风格墙面设计……161
6.2.11 中式风格墙面设计……163
6.3 地面设计……166
6.3.1 现代风格地面设计……166
6.3.2 乡村风格地面设计……167
6.3.3 中式风格地面设计……168
6.3.4 欧式风格地面设计……169
6.4 隔断设计……170
6.4.1 吊顶隔断……170
6.4.2 柜子隔断……171
6.4.3 层架隔断……171
6.4.4 灯光隔断……172
6.4.5 地面隔断……172
6.4.6 吧台隔断……173
6.4.7 木花格隔断……173
第7章 家居装修施工工艺 175
7.1 水电工艺……176
7.1.1 水电施工前的准备工作……176
7.1.2 水电施工的常用术语……176
7.1.3 水路施工的步骤……177
7.1.4 电路施工的步骤……178
7.2 木工工艺……179
7.2.1 吊顶木龙骨施工……179
7.2.2 地板木龙骨施工……179
7.2.3 木隔墙施工……180
7.2.4 木作柜子制作……180
7.2.5 木门套制作施工……181
7.3 泥工工艺……182
7.3.1 大理石施工……182
7.3.2 文化石施工……183
7.3.3 微晶石施工……184
7.3.4 地砖施工……185
7.3.5 马赛克施工……186
7.4 油漆工艺……187
7.4.1 木作清漆施工……187
7.4.2 木作混油施工……188
7.4.3 乳胶漆施工……189
7.4.4 硅藻泥施工……190

7.5 铺装工艺……191
7.5.1 墙纸施工……191
7.5.2 软包施工……192
7.5.3 木地板施工……193
7.5.4 护墙板施工……194
7.5.5 木饰面板施工……195
7.6 安装工艺……196
7.6.1 木门安装……196
7.6.2 开关、插座安装……197
7.6.3 灯具安装……198
7.6.4 洗手盆安装……199
7.6.5 马桶安装……200
7.6.6 浴缸安装……201
第 8 章
家居装修监理验收 203
8.1 验收基本常识……204
8.1.1 装修验收工具……204
8.1.2 装修材料验收……205
8.1.3 隐蔽工程验收……205
8.1.4 装修中期验收……206
8.1.5 装修后期验收……207
8.1.6 竣工验收……207
8.2 装修工程验收……208
8.2.1 水路施工质量验收……208
8.2.2 电路施工质量验收……209
8.2.3 隔墙施工质量验收……210
8.2.4 墙砖施工质量验收……211
8.2.5 乳胶漆施工质量验收……211
8.2.6 油漆施工质量验收……212
8.2.7 大理石施工质量验收……212
8.2.8 墙纸施工质量验收……213
8.2.9 地砖施工质量验收……213
8.2.10 软包施工质量验收……214
8.2.11 木地板铺装质量验收……215
8.2.12 开关、插座安装质量验收……215
8.2.13 橱柜安装质量验收……216
8.2.14 浴缸安装质量验收……216
8.2.15 洗手盆安装质量验收……217
8.2.16 坐便器安装质量验收……217
第 9 章
家居装修软装设计技法 219
9.1 家具的选择与摆设尺寸……220
9.1.1 家具大小和占空间比例……220
9.1.2 常见的家具类型……221
9.1.3 了解定制家具……222
9.2 灯具类型与灯光氛围营造……223
9.2.1 灯具选择的重点……223
9.2.2 不同类型的灯泡特点……224
9.2.3 家居空间常用灯具类型及其特点……225
9.2.4 空间配光方式及其特点……226
9.3 窗帘的选择与搭配技巧……227
9.3.1 窗帘的组成……227
9.3.2 窗帘的主要质地种类……228
9.3.3 窗帘的用料计算……229
9.3.4 窗帘的搭配技法……229
9.4 地毯类型与搭配要点……231
9.4.1 地毯类型及其特点……231
9.4.2 地毯色彩类型……232
9.4.3 地毯色彩搭配……234
9.5 花瓶与插花的装饰作用……235
9.5.1 插花风格搭配……235
9.5.2 花瓶类型……236
9.5.3 插花步骤……237
9.6 装饰画的选择与悬挂方法……238
9.6.1 装饰画的类型……238
9.6.2 装饰画色彩搭配……238
9.6.3 挂画尺寸与比例……239
9.6.4 七种常见的挂画形式……240

Interior decoration

Design

第 1 章

家居装修前期规划

1.1

家居装修准备事项

Interior decoration Design

1.1.1 空间功能格局划分

对于面积较大的房子，通过空间分隔实现功能分区是比较容易实现的。然而，对于面积较小的房子，就应该对功能区域进行取舍或合并。

在做空间规划时，首先要把所有家庭成员的全部需求都列出来，找到对应的空间，再按照重要性进行排序。

客厅 餐厅 厨房 主卧 公卫 儿童房 书房 玄关 储藏室 衣帽间

当面积不够大时，就要将不太重要的功能区进行取舍或合并，尽量让某些空间承担多种功能。例如，茶室可兼作客房或书房使用；在窗边就势做一个工作台，尽可能提高空间利用率。

一般来说，小于 $7m^2$ 的独立房间可以考虑与相邻的房间合并，大于 $7m^2$ 的房间可以独立使用，适宜作为书房、单人卧室使用。如果大于 $7m^2$ 的独立房间没有明确的使用要求，也是可以做空间合并设计的如合并到卧室中当作更衣区、休闲区或工作区等。大于 $10m^2$ 的独立房间一般不建议合并到其他空间中。

△ 利用阳台设计的小书房

△ 书房与客房相结合，让小空间具有多种功能

△ 在客厅中划分出一个开放式小书房

△ 根据不规则的阁楼空间量身定制的开放式衣帽间

1.1.2 空间平面布局规划

平面布局是对所有生活空间的整体规划，决定了家庭成员的行走路线、活动范围以及生活的舒适度。整个家居空间可划分为三大空间，即公共空间、私密空间和附属空间。

公共空间	指可供客人活动或接触的空间，例如客厅、餐厅、玄关、茶室等
私密空间	指具有一定隐私、客人不宜随意进出的空间，例如卧室、书房等
附属空间	指为了特定用途而设的空间，例如厨房、卫生间、储物室、衣帽间等

家庭成员的居住需求和生活习惯直接影响着家居的规划和布局。新婚家庭要考虑规划儿童房，还要考虑规划孩子玩耍及收纳玩具的区域；如果父母来帮助带孩子，还要考虑预留老人房；如果亲人或朋友经常留宿，就需要安排客房。在做平面布局规划时，要充分了解家人的生活习惯。如老人房应设在离卫生间最近的地方，或将带配套卫生间的主卧给父母住；餐厅与厨房通道要保证畅通。还有一些生活细节，如门口要规划换鞋、放置雨伞等区域。

购买任何家具之前，要先测量房间，做好规划，看看家具有哪些布局方式。不同的家具布局会划分出不同的座位区域、睡眠区域或动线区域。

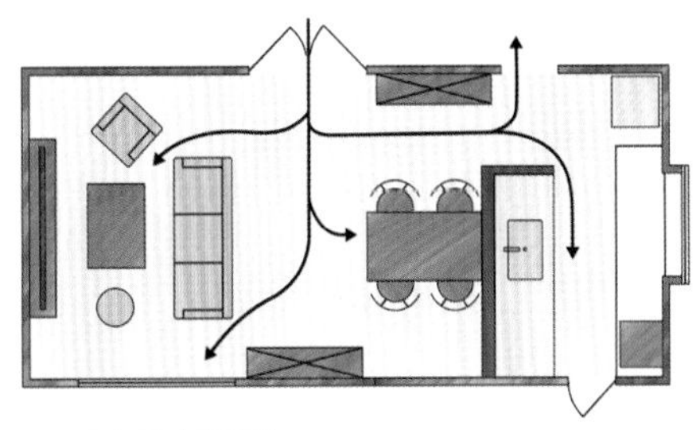

△ 室内活动线路图

先规划好平面布局，能减少沉重家具的搬动和重置。在确定好平面布局后，可以用彩色胶带来标示出大件物品（沙发、床、餐桌甚至地毯）要摆放的地方。这样可以直观地看到最终的效果，等家具运来时，也能直接将其放在指定位置。规划家具布局时，不要忽略间距和动线。

间距	好的布局能够最大化地利用地面空间，且不需要把家具紧靠墙面来布置。与墙面保持 20~30cm 的空隙是最理想的处理方法，这样能让房间显得更大
动线	动线是由很多因素共同决定的，比如门的位置（门口通常有电视接线板和电源插座）、壁炉和大型固定家具的位置（如嵌入式长椅或橱柜）

1.1.3 考虑家庭成员的数量和生活方式

找到适合的装修风格后，还必须考虑到所喜爱的设计是否与家中设施的功能产生冲突。首先要考虑，在日常生活中需要具备哪些功能。例如，在决定客厅与餐厅的配置时，需要确认家庭成员的数量和年龄、家人的就餐习惯，以及希望怎样与家人团聚，还要设想家中来访客人的频率，以及平时如何招待客人等。将这些设想纳入考虑范围，相信就能选择出合适的设计方案了。

考虑问题清单
□ 包括自己在内的家庭成员的爱好是什么?
□ 配合这些爱好，是否有需要准备的东西以及如何摆放?
□ 自己和家人喜欢什么样的装饰风格?
□ 前期硬装中有哪些问题需要后期软装加以解决?
□ 希望后期的软装设计是对前期硬装的结果来深化，还是在此基础上有新的诠释?
□ 通常家里谁会住这个房间，他们的年龄如何?
□ 房间的用途是什么，如果是客厅与餐厅，客人来访的频率如何?
□ 墙面与家具、窗帘、灯具等设施的材料、配色从整体上看是否保持协调统一?
□ 家具的尺寸与颜色是否与房间的面积、家人的体形相符?
□ 窗帘、墙纸、地板材料的颜色与花纹是否符合房间的尺寸?
□ 后期软装用品的材质、制作工艺、保养方法与自己的生活习惯是否相适应?

1.1.4 软装设计的介入时机

很多人以为，完成了前期的基础装修后，再考虑后期的软装也不迟。其实不然，软装设计是一个系统化设计，最好在硬装设计之前就介入，或者与硬装设计同时进行。

前期甩手让硬装设计师或者业主自行行动，表面上非常轻松。但到了后期，需要将大量时间花费在弥补不足和改进设计上，从而无暇营造空间氛围。如果硬装和软装部分要由不同的人来完成，最好的办法就是从一开始就互相理解和沟通彼此之间的想法。

1.1.5 软装物品的采购

软装物品的种类繁多，在采购前应该先把所有软装设计的物品进行分类，然后再按照分类进行采购。软装物品的采购过程有三个重要阶段，即大件家具、主要软装物品的采购，最后进行润饰。

◎ 大件家具的采购

从头开始进行家居空间的软装布置时，最理想的做法是先购买大件家具，因为这类家具在房间里最显眼。挑选大件家具时，织物和材料的颜色最好选择中性的，确保实用性。

大件家具

◎ 主要软装物品的采购

主要软装物品包括地毯、窗帘、灯具、装饰画、抱枕、摆件和壁饰等。这些东西能把大件家具衔接起来。在色彩和材质上参照最初的设计，这样选择时更容易。首先可选好地毯，再根据地毯的颜色来选择灯具、窗帘、抱枕和其他软装物品。比如，可以选一个颜色相近或中性色的灯罩，上面的装饰细节和地毯之间要形成呼应。

主要软装物件

◎ 最后润饰

大件家具已经到位，而最后的润饰是让房间变得舒适宜人的关键，否则，永远会觉得家里好像缺点什么。

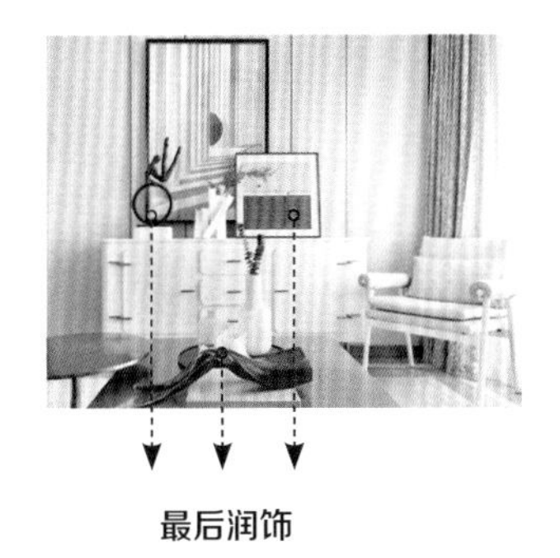

最后润饰

☐ 旅行中带回来的小玩意儿	☐ 花瓶
☐ 放置在茶几上的托盘	☐ 餐桌上的装饰品
☐ 带相框的照片	☐ 任何能赋予房间独特个性的物件

1.2

家居装修术语解读

Interior decoration Design

1.2.1 硬装

除了必须满足的基础设施，为了满足房屋的结构、布局、功能、美观需求，添加在建筑物表面或者内部的且无法移动的装饰物就是硬装。简单来说，吊顶、墙地面处理、水电路改造和墙面改造等都属于硬装范围。

完成硬装的工业风空间，体现简单不加修饰的特点

1.2.2 软装

家居空间的软装设计是指完成硬装以后，将家具、灯具、窗帘、地毯、装饰画、抱枕、插花，以及各类摆件和挂件工艺品通过完美的设计手法来展现家居空间的个性与品位。软装对设计有很高的要求：设计师要根据客户要求的不同设计风格及生活习惯挑选产品，核实尺寸，并确定摆设位置。

增加软装后的空间，可以最大限度地平衡工业风色调的清冷感

1.2.3 强电

强电一般指交流电电压在 24V 以上。如家庭中的电灯、插座等，电压 110~220V。家用电器中的照明灯具、电冰箱、电视机、音响设备（输入端）等用电器均为强电电气设备。

1.2.4 弱电

一般是指直流电路或音频、视频线路、网络线路、电话线路，直流电压一般在 36V 以内。家用电器中的电话、电脑、电视机的信号输入（有线电视线路）、音响设备（输出端线路）等用电器均为弱电电气设备。

1.2.5 主材

主材是指装修中的成品材料、饰面材料及部分功能材料，也就是后期硬装会用到的一些材料。主要包括地板、瓷砖、五金洁具、烟机灶具、橱柜、门、灯具、开关插座、热水器、龙头、花洒、散热器、墙纸、集成吊顶、石材、地漏、水槽、净水机、垃圾处理器等。

1.2.6 辅材

辅材是指装修中要用到的辅助材料，即基础装修会用到的一些材料。主要包括水泥、沙子、砖头、防水材料、电线、穿线管、水暖管件、板材、龙骨、腻子、胶水、木器漆等。墙漆比较特殊，有的公司归为辅材，有的公司归为主材。

1.2.7 承重墙

承重墙指支撑上部楼层重量的墙体，在工程图上为黑色墙体，承重墙是楼板的支撑部分，不能改动。一般来讲，砖混结构的房屋中，除了卫浴间和厨房的隔墙，其他都是承重墙。

1.2.8 非承重墙

非承重墙是相对承重墙来说的，是指不承受上部楼层荷载的后砌墙体，只起分隔空间的作用，在施工图上为中空墙体，属于建筑的非结构构件，对结构安全性影响较小。

1.2.9 配重墙

一般居室与阳台之间都有一门一窗，这些门窗都可以拆改，但窗以下的墙绝对不能动，这段墙叫作“配重墙”，它像秤砣一样起到挑起阳台的作用。

1.2.10 剪力墙

剪力墙又称抗风墙或抗震墙、结构墙，是房屋或构筑物中主要承受风荷载或地震作用引起的水平荷载的墙体，和承重墙一样，不能拆除。

1.2.11 清包

清包即所有的装修材料都由业主自行购买，大到墙地砖、地板，小到一颗铁钉、一根膨胀管都由业主购买，施工方只派人施工。在清包过程中，施工方要提前通知业主购买哪些材料，业主要保证及时供料，否则就会延误工程进度。

优点

业主自己把控风格、工期，进行设计、选材、购料、验收，控制整个装修中涉及的重要部分。因此业主跟装修队伍之间只产生人工费用，装修预算完全可以把控。

缺点

清包的方式比较累人，因为装修材料的品种实在太多了，而且每种材料都得货比三家。另外装修好之后，如果发生质量问题，容易出现推诿现象。业主认为是施工方的施工问题，而施工方却认为是业主的材料问题。

1.2.12 半包

半包是一种比较常用的方式，所谓半包，就是有的材料由施工方提供，有的材料由业主提供，具体根据签订的合同而定。一般业主负责购买主材，如墙地砖、墙纸、定制门、橱柜、灯具等，装修公司负责施工和购买辅材。

优点

比起清包，半包省心不少。业主省了一些购买辅材的时间，而且施工方也不需等材料，半包让业主掌控主材的质量，可以省不少钱。

缺点

这种方式也需要业主花时间，只不过比清包花费的时间少。另外，还有一点是需要业主自身对主材类有一定的了解，否则去建材市场购买时很有可能被坑。在和装修公司签合同的时候，要在合同上写明哪些是由业主购买的，哪些是装修公司提供的。

1.2.13 全包

全包是指从设计到施工以及装修材料等都由装修公司提供。业主只需付钱，不用自己跑市场，也不用为货比三家选择材料而烦恼。

优点

业主比较轻松，什么事都不需要管，只需他抽空去工地看看进度，且所有材料都由装修公司采购，若以后发生装修问题，由装修公司负全责。

缺点

装修公司购买的建材质量好不好，辅料有没有偷工减料等都是很重要的问题，所以选择这种方式的业主在挑选装修公司时一定要谨慎，最好找个专业的监理。当然这种方式的装修，花费会高于其他两种方式。

1.2.14 纯设计

纯设计是指业主只找装修公司做设计，装修公司只负责出图，不负责施工。纯设计和清包很像，不同的是，施工队需要业主自己寻找。纯设计包括方案设计、出图、陪同选材料、施工现场交底、配合设计变更、竣工验收、家具购买、软装指导等工作。由于纯设计利润较低，除了纯设计公司，一般装修公司不提供纯设计服务。

1.2.15 整装

很多人会把整装和全包弄混，这是两个不一样的概念，整装是在全包的基础上，把家具、和家电以及软装设计等也包含进去，整装完就能拎包入住。

整装 = 全包 + 软装 + 家电

1.2.16 首期款

对半包工程来讲，装修的首期款一般为总费用的 30%~40%，但为了保险起见，首期款的支付应该争取在第一批材料进场并验收合格后再支付，否则，如果发现材料有问题，业主就会变得很被动。

1.2.17 中期款

中期款的付款标准是以木器制作结束，厨卫墙、地砖、吊顶结束，墙面找平结束，电路改造结束为准则。同时，中期款的支付最好在合同上有所体现，这样就可以完全按照合同的约定进行付款和施工。

1.2.18 装修尾款

装修尾款就是在家装工程竣工的时候要付给装修公司的最后一笔款项。付完这笔款项后，装修公司在此项目中的所有流程就结束了。

工程全部完工，业主或者监理验收合格，装修公司将现场清理干净后，就可以支付装修尾款了。如果验收不合格，业主可要求装修公司进行整改，合格以后再支付尾款；如果出现超过工期的情况，业主可要求装修公司承担延期交工的违约责任；如果和装修公司之间有异议，可以请相关监督部门进行协调，达成一致意见后再结清尾款。

1.2.19 设计变更

设计变更是指项目自初步设计批准之日起至通过竣工验收正式交付使用之日止，对已批准的初步设计文件、技术设计文件或施工图设计文件所进行的修改、完善、优化等活动。设计变更应以图纸或设计变更通知单的形式发出。

如果需要变更的装修项目已经施工了一部分，前期产生的费用应该由提出变更的一方来承担；项目发生变更往往会延长施工工期，应量力而行，能不改的最好不要改。

1.2.20 工程过半

工程过半是指装修工程进行了一半。由于很难将工程划分得非常准确，在家居装修中通常用两种方法来定义。

一种是工期进行了一半，例如，预算 60 天完成的工程，在工程项目没有增加的情况下，开工 30 天就可认为工程过半；另一种是将工程项目中的木工活贴完饰面，但还没有油漆（俗称木工收口）作为工程过半的标志。

1.2.21 工程分阶段验收

家居装修包括很多工程项目，而且有些项目只能在另一些项目完工后才能进行，所以，先完工的项目需要进行分阶段验收。

一般情况下，工程分阶段验收包括隐蔽工程验收、饰面工程验收和工程总验收。如果业主有充裕的时间，还可以将验收过程细化，如基础项目中的改门、隔断、水电线管的铺设、厨房与卫生间的防水处理、地砖的铺设等，都进行单独验收，可以有效地保证施工质量。

隐蔽工程验收 → 饰面工程验收 → 工程总验收

1.2.22 装修保修期

装修保修期是指在正常使用条件下，装修工期的最低保修期限。在家装工程中，一般的装修保修期为两年，而有防水、防漏要求的地方的装修保修期为五年。

在装修工程验收合格后，业主必须向装修公司索要装修保修单。装修保修单里通常包括装修工程的竣工日期、验收日期、保修日期、保修记录以及一些装修问题的责任判定等内容。业主拿到装修保修单后，一定要妥善保管，以备不时之需。

装修保修期		
	两年	一般的装修
	五年	防水、防漏

1.3

家居装修流程步骤

Interior decoration Design

1.3.1 硬装阶段流程步骤

墙体改建

墙体改建是对整个居室空间布局的初步规划，也是所有硬装施工项目的重点。因此铲墙、砌墙以及搭建隔墙的工作要摆在第一位，在确定了大体的空间布局和功能性设备后，才能够细化具体的工作。

水电、设备等隐蔽工程

水电施工进场交底，对照水电点位图，现场再确定一遍，避免有疏漏。水电改造施工必须规范，水管、电线都必须使用质量合格的产品。水电改造完成后必须做隐蔽工程整体验收，打压试水，做到万无一失。

在这期间，橱柜、地暖、空调、新风系统、智能家居等设备厂家也应碰头交底，确保前期预埋工程协调一致。瓷砖厂家可以上门测量尺寸，同时准备地面铺装图，开始订货，瓷砖损耗一般按 3% 计算。

瓦工

墙面抹灰、拉毛、防水、铺砖，每一步都是细活，其中，防水是重中之重。铺砖时，灰浆要饱满，不能有空鼓现象。在铺贴卫浴间等有水空间的瓷砖前，应先买好地漏，让瓦工师傅现场裁砖的时候一起安装，一定要注意放坡，保证水能顺畅排出。

瓷砖铺装完后，可以联系橱柜、门、衣柜、淋浴房等厂家过来复尺并下单。

木工

木工项目包括室内的吊顶、隔墙、造型墙、门窗套、包垭口门洞等。木工造型一定要按图纸施工，不清楚时应及时与设计师沟通。木工项目会影响整个空间的美感，要遵循垂直、水平、直角这三大施工原则，弧度和圆度一定要顺畅、圆滑。如果房子面积比较大，施工时间比较急，木工和瓦工可以同时进场施工。

在这期间，可以购买灯具、洁具及配套五金件。因为墙纸一般有订货周期，所以这时也要开始选购墙纸。

油漆工

瓦工、木工完工后，油工会对不平整的天花板、墙面进行找平、批刮腻子，在所有的阴阳角垂直，天花板、墙面平整后开始打磨，取下所有线盒保护盖，将其处理方正，棱角要修补细致。

收尾安装

这个阶段是持续且零碎的，对于购买的厨具、灯具、木门、木地板等，都可以安排安装，还可以安排地砖做美缝、家具进场、室内的环保检测治理、开通电视电话网络等。各个项目的安装都需要提前预约，做好安装准备并对各厂家提出要求：除了安装和保护自己的项目，还要注意不要破坏其他已经完成的项目，并且要及时清理现场垃圾。

1.3.2 软装阶段流程步骤

灯饰安装

灯饰到货后应该先拆开外包装，检查外观有无损坏，然后通电检查是否能正常运行。安装灯具前，应该规划好灯饰安装位置和灯饰安装类型并留好电源线。灯饰尽量不要直接安装在吊顶上，如果要安装在吊顶上，应确保吊顶的承重能力。

窗帘安装

窗帘由帘杆、帘体、配件三大部分组成。安装窗帘时，要考虑到窗户两侧是否有足够放窗帘的空间，如果窗户旁边有衣柜等大型家具，则不宜安装侧分窗帘。安装完窗帘挂后要进行调试，看能否拉合以及高度是否合适。

家具摆设

待灯饰和窗帘安装完毕后，就可以进行家具的摆设了。摆设家具时尽量要做到一步到位，特别是一些组装家具，过度拆装会对家具造成一定的损坏。如果房子的采光不足，应尽量避免使用大型家具，同时还要控制好家具的数量。

挂画悬挂固定

家具摆好后，就可以确定挂画的准确位置。可以选择悬挂在墙面较为开阔、引人注目的地方。如沙发后的背景墙以及正对着门的墙等，切忌在不显眼的角落和阴影处悬挂装饰画。

壁饰工艺品安装

不同材质与造型的壁饰工艺品能给家居空间带来不一样的视觉效果。在选择和安装时应注意，既要与空间的整体装饰风格相统一，又要与室内的其他物品的材质、肌理、色彩、形态的某些方面，形成适度的呼应或对比。

摆件工艺品摆设

通常，同一个空间中的摆件工艺品的数量不宜过多，摆设时应遵循构图原则，避免在视觉上有不协调的感觉。具体可以根据空间格局以及居住者的个人喜好进行搭配设计。

地毯铺设

在铺设地毯之前，家居空间内的装饰以及软装摆场必须全部完成。地毯按铺设面积的不同可以分为全铺或局部铺，如果是全铺，应在地毯铺好后，将保护地毯的纸皮铺到上面，避免弄脏地毯。

装饰品摆设

装饰品不仅能体现居住者的品位，而且是营造空间氛围的点睛之笔。装饰品的摆设手法多种多样，可以根据空间格局以及居住者的个人喜好进行搭配设计。

Interior decoration

Design

第 2 章

家居装修预算制订

2.1

家居装修预算比例分配

Interior decoration Design

2.1.1 硬装和软装的预算占比

无论请装修公司做预算还是自行做预算，都应该有一个合理的资金分配比例。一般从毛坯房到入住的装修成本大概为 1500 元 /m^2；考虑到硬装是基础，如果低于 1500 元 /m^2，投入硬装的成本比例就要多一点。

基础硬装

50%~80%

基础装修里的项目几乎是必须的，所以这方面的支出是必不可少的；其中，水电、防水等基础隐蔽工程的成本更是不能节省。

软装 + 家电

20%~50%

在最大限度保证基础硬装的基础上，沙发、茶几、餐桌椅、床、热水器、灯具、电视机等容易更换的家具、家电可以在入住后期慢慢升级更换。而像油烟机、空调这些安装比较麻烦的家电，则建议前期一步到位。

各人的需求有所不同，如果预算充足，可以额外增加一些改善型设备，比如新风系统、净水软水系统等。

2.1.2 家居装修预算的内容

装修预算是指家居装修工程所消耗的人工、材料以及其他相关费用。家居装修工程的预算主要由直接费用和间接费用两大部分组成。

◆ **直接费用**

直接费用是指家庭装修工程中直接消耗人工以及材料的费用，一般根据设计图纸将全部工程量乘以该工程的各项单位价格即可得出费用数据。

设计费用

设计费用是指工程的测量费、方案设计费和施工图纸设计费，一般约占整个家居装修费用的 3% ~5%。

人工费用

人工费用包括工人的基本工资，即满足工人的日常生活和劳务支出的费用，还包括使用工具的机械消耗费等。人工费用一般占整个工程费用的 15%~20%。

材料费用

包括主材费用和辅材费用两部分。主材费用是指在家居装修施工中按施工面积或单项工程涉及的成品和半成品的材料费，这项费用大约占整个工程费用的 60%~70%。辅材费用是指家居装修施工中消耗的难以明确计算的材料，如钉子、螺钉、胶水、老粉、水泥、黄沙、木料以及油漆刷子、砂纸、电线、小五金、门铃等。此外，辅材还包括一定的损耗费用，这项费用一般占整个工程费用的 10%~15%。

其他费用

其他费用的内容需根据具体情况而定，包括但不限于夜间施工增加费、材料二次搬运费、生产工具使用费等。

◆ 间接费用

间接费用是指某装修项目为协调设计施工而产生的间接费用，为组织人员和材料而付出的管理费用、计划利润和税金三部分。

管理费用

管理费用指为了更好地组织和管理施工过程及行为所必须消耗的费用，包括装修公司的日常开销、经营成本、项目负责人员工资、工作人员工资、设计人员工资、辅助人员工资等。目前，装修公司管理费用的收费标准通常按不同装修公司的资质等级来设定，一般为直接费用的 8%~10%。

计划利润

一般为直接费用的 5%~8%。

税金

为直接费用、管理费用、计划利润总和的 3.4%~3.8%。

2.1.3 软装预算的合理分配

就整体完成度来说，如果把大部分预算用于软装部分，在一定程度上既可以完成整个工程，又可以节省时间和开支。因为软装可以从零基础开始，而硬装需要一个整体的流程。通常，家具预算占软装产品预算的60%，窗帘、地毯等布艺类预算占20%，其余的如装饰画和花艺、摆件以及小饰品等预算占20%。

不过有的风格必须与前期硬装的配合才能够达到最佳效果，这些风格对顶面、墙面、地面都有细节上的要求，不是摆设一些极简家具就可以营造理想的空间感。也有些风格对前期硬装的要求不是很高，但对家具、饰品的质感有很高的要求，这样就不能仅仅停留在模仿阶段，而要选择更多独特、精致的家具进行搭配。

总体来说，如果预算有限，把设计重点放在软装部分确实是一种明智的选择，但应确定合适的风格，不要选择需要硬装来配合的风格类型。就家居设计而言，越简洁实用，越经久耐看。

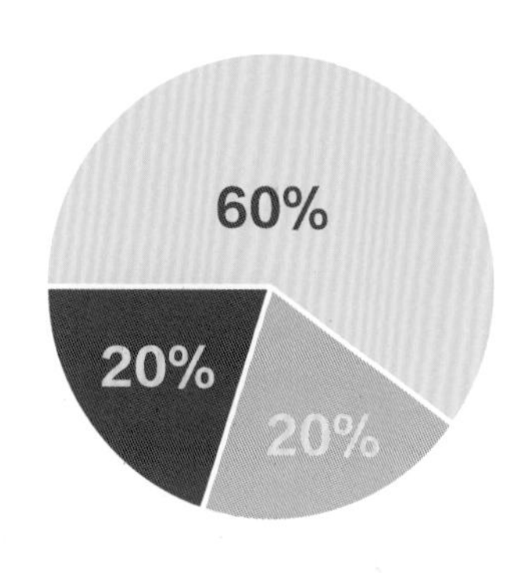

软装产品预算

- 家具占 60%
- 窗帘、地毯等布艺类占 20%
- 装饰画和花艺、摆件以及小饰品等占 20%

△ 家具占软装产品预算的60%

△ 窗帘、地毯等布艺类占 20%

△ 装饰画和花艺、摆件以及小饰品等占20%

2.2

家居装修预算制订原则

Interior decoration Design

2.2.1 家居装修预算的重点

预算是住宅装修合同的重要组成部分。编制预算就是以业主所提出的施工内容、制作要求和所选用的材料等为依据，来计算相关费用。由于缺乏统一的规范标准，各家装修公司编制工程预算的方法也各不相同。比如，编制预算的内容、表述的方式往往不同，特别是材料损耗的计算系数和报价口径各异。以地板为例，有的按地板成品面积报总价，有的对地板龙骨、地板、涂料、地板钉、油漆分别计价。

预算是装修合同履约的重要内容，涉及合同双方的利益，因此不能马虎。目前行业内比较规范的做法是以设计内容为依据，按工程的类别，逐项分别列编材料（含辅料）、人工、部件的名称、品牌、规格型号、等级、单价、数量（含损耗率）、金额等。其中，人工费要明确工种、单价、工程量、金额等。这样既方便双方洽谈、核对费用，也可以加快调整个别项目的商谈和确认速度。业主在确认预算前，应该做到心中有数。最好事先对装修市场进行一定的考察。如果实在无暇细察，可以选取主要材料进行了解。基础装修的工程种类如下表所示。

△ 家居装修预算以施工内容、制作要求和所选用的材料等为制作依据

工程项目	工程内容
地面工程	包括地面找平、铺砖及防水等
墙面工程	包括拆墙、砌墙、刮腻子、打磨、刷乳胶漆及电视墙基层等
顶面工程	主要是吊顶工程，包括木龙骨或轻钢龙骨、集成吊顶等
木作工程	主要包括门套基层、鞋柜及衣柜制作等
油漆工程	主要是现场木制作的油漆处理等

2.2.2 制订预算的基本程序

制订预算首先要明确室内空间的准确尺寸，画出图纸。因为报价是根据图纸中的具体尺寸、材料及工艺情况而制订的。将每个房间的居住和使用要求在图纸上标定，并列出装修项目清单，再根据考察的市场价格进行估算，最后完成装修预算。

明确室内准确尺寸 → 画出图纸 → 列出装修项目清单 → 根据市场价格估算 → 完成装修预算

2.2.3 支出计划预算表

在与装饰公司签订合同后，确定了所需材料的种类和金额，就可以列出一个支出计划预算表，将装修项目、预算费用、支出时间和注意事项标注清楚，以便更好地控制预算。

装修项目	预算费用（元）	支出时间	备注
设计费用		开工前	通常按照平方米计算，不同级别的设计公司的单价从 500~1200 元 /m^2 不等
防盗门		开工前	最好在刚开工时就安装好防盗门，定做周期一般为一周左右
水泥、沙子、腻子等		开工前	可直接购买，开工后便可以拉到工地
龙骨、石膏板、水泥板等		开工前	可直接购买，开工后便可以拉到工地
白乳胶、原子灰、砂纸等		开工前	木工和油漆工都有可能用到这些辅料
滚刷、毛刷、口罩等		开工前	可直接购买，开工后便可以拉到工地
装修工程首付款		材料入场后	材料入场后付给装修公司总工程款的 30%
热水器、小厨宝		水电改造前	其型号和安装位置会影响到水电改造方案和橱柜设计方案的实施
浴缸、淋浴房		水电改造前	其型号和安装位置会影响到水电改造方案的实施
中央水处理系统		水电改造前	其型号和安装位置会影响到水电改造方案和橱柜设计方案的实施
水槽、面盆		橱柜设计前	其型号和安装位置会影响到水路改造方案和橱柜设计方案的实施

续表

装修项目	预算费用（元）	支出时间	备注
油烟机、灶具		橱柜设计前	其型号和安装位置会影响到水电改造方案和橱柜设计方案的实施
排风扇、浴霸		电路改造前	其型号和安装位置会影响到水电改造方案的实施
橱柜、浴室柜		开工前	墙体改造完毕就需要商家上门测量，确定设计方案，其方案可能影响到水电改造方案的实施
散热器或地暖系统		开工前	墙体改造完毕后就需要商家上门改造供暖管道
相关水路改造		开工前	墙体改造完，工人即可开始工作，这之前要确定施工方案和确保所需材料到场
相关电路改造		开工前	墙体改造完，工人即可开始工作，这之前要确定施工方案和确保所需材料到场
室内门		开工前	墙体改造完毕即可让商家上门测量
塑钢门窗		开工前	墙体改造完毕即可让商家上门测量
防水材料		泥工入场前	可直接购买成品，卫浴间要先做好防水工程
瓷砖、勾缝剂		泥工入场前	可直接购买成品，如果需要预订应提前下单
石材		泥工入场前	墙面、地面、窗台等都可能用到石材，一般需要提前三四天确定尺寸并预订
地漏		泥工入场前	泥工铺贴地砖时同时安装
装修工程中期款		泥工结束后	泥工结束，验收合格后付给装修公司总工程款的 30%
吊顶材料		泥工开始	泥工铺贴完瓷砖三天后便可以安装吊顶，一般吊顶需要提前三四天确定尺寸并预订
乳胶漆		油漆工入场前	可直接购买成品
衣帽间		木工入场前	通常在装修基本完工后安装，需要一至两周的制作周期
板材及钉子		木工入场前	可直接购买成品
油漆		油漆工入场前	可直接购买成品

续表

装修项目	预算费用（元）	支出时间	备注
地板		较脏的工程完成后	最好提前一周订货，以防挑选的花色缺货，铺装前两三天预约
墙纸		地板安装后	进口墙纸需要提前 20 天左右订货，铺贴前两三天预约
门锁、门吸、合页等		基本完工后	可直接购买成品
玻璃胶及胶枪		安装工程开始前	在安装五金洁具时需要打一些玻璃胶进行密封
水龙头、厨卫五金等		安装工程开始前	普通的款式不需要提前预订，如果有特殊要求，需要提前一周定制
镜子等		安装工程开始前	如果选择定制，需要四五天制作周期
坐便器		安装工程开始前	普通的款式不需要提前预订，如果有特殊要求，需要提前一周定制
灯具		安装工程开始前	普通的款式不需要提前预订，如果有特殊要求，需要提前一周定制
开关、面板等		安装工程开始前	可直接购买成品
升降晾衣架		安装工程开始前	普通的款式不需要提前预订，如果有特殊要求，需要提前一周定制
装修工程后期款		完工后	工程完工，验收合格后付给装修公司总工程款的 30%
地板蜡、石材蜡等		保洁前	选择质量过关的蜡以便保洁人员使用
保洁清理		完工	需要提前两三天预约
窗帘		完工前	完成保洁以后即可安装窗帘，通常窗帘需要一周左右的订货时间
装修工程尾款		保洁、清场后	最后 10% 的工程款可以在保洁完工后支付，也可以和装饰公司商量，作为保证金在一年后支付
家用电器		完工前	保洁完工后联系商家送货安装
软装饰品		完工前	包括装饰画、花艺以及各类摆件和挂件等

2.3

家居装修预算报价单

Interior decoration Design

2.3.1 预算报价单的内容

装修公司提供的报价单通常是按照空间或者项目进行计价的，例如，按照客厅、卧室、餐厅、书房等，或按照拆除工程、水电工程、瓦工工程等方式来计价，也有可能是两者混合，最后计算总价，大多数主材、工费、辅料等不会单独报价，而是按照工程来计价。有的公司的预算报价单甚至简单到只有项目名称、数量、单价与合价及总价。这样一来，最应该体现的部分没有体现，很容易造成材料以次充好或者简化工艺流程的问题，为业主埋下了安全隐患。

一份详细的报价单应该包含序号、工程项目名称、材料规格和工艺说明、单位、数量、单价、合价、总价、合计、主要材料及施工工艺、附注、签字等。

① 序号、工程项目名称

由序号、工程项目名称可以看出房屋有多少项目需要施工，结合图纸可以看出哪里有增项和漏项。

② 材料规格和工艺说明

写明主材和辅料的品牌、型号及详细的施工工艺。

③ 单位

由单位可以知道装修公司是以什么方式计算价格的，是按面积还是按项目数量？有些项目计价单位不同，价格上会有很大差异。

④ 数量

数量是计算出总工程量的一个数据，可以是施工面积或者材料数量，可根据该数据来判断装饰公司是否存在多算数量的情况。

⑤ 单价、合价、总价、合计

材料的单价跟合价是装修工程中费用最大的一个项目，其准确性直接影响到装修的总支出；人工单价是指工人的工资，可以反映工人的水准，总价的计算涉及施工数量。

⑥ 附注

对于一些其他具体约定的明确标示，特别是半包时，哪些材料由业主提供，哪些材料需装修公司购买，可以在这里标示。

⑦ 签字

一般报价单的结尾需要设计师、业主签字确认。

2.3.2 预算报价单的常见误区

◎ 警惕超低价

装修预算一定不能以低价为唯一的导向，合理的装修利润是必须的，如果没有给装修公司留出利润空间，那么就容易出现问题。选择预算较低的公司很可能出现偷工减料或者不断追加预算的情况，有些公司还会以停工来迫使业主追加资金。

科学的做法是将几家装修公司的报价做对比，如果出现一家公司的预算低于其他公司 20%~30% 的情况，就需要慎重考虑。如果相差 10% 左右，则要详细了解差距在哪里，如果各方面并无太大差别，就可以选择报价相对较低的公司。

◎ 报价高的原因

对于报价相对比较高的装修公司，需要弄清楚报价高的原因，如果是因为使用材料档次高或墙面、吊顶等设计造型较多，抑或是设计师的能力等级高出很多，那么报价高是合理的。但如果没有类似的原因，那么高的报价也不一定就是好的。此外，如果报价已经把自己要求的设计都包含在内，而别家却不包含该设计，那么，报价高也是正常的。

◎ 总价与单价

装修公司提供的报价表一般都比较复杂，这往往导致很多业主嫌麻烦就不细看，只关注最后的总价，这样的做法是错误的。不同的装修公司所用的材料和方案不同，单纯看总价不能对比出哪家的报价更合理，有些公司可能故意漏项来降低总价，从而吸引业主。但是后期施工的时候加上漏掉的项目，费用自然就高了。因此看报价表的时候要看单价部分，对比一下木工、水电等比较费钱的项目，这样才能看出各家公司的报价区别。

水电线路改造是很容易被忽略的隐形超支项目，水电改造报价单上每项的单价可能不会让人觉得很高，有些业主会没有目的地把各种线路敷设到各个房间，导致结算时往往超出预算。

◎ 计量单位

装修时要想控制预算，一定要留意计量单位，例如，定制家具时，不同的装修公司区别很大：有的公司用延米做单位，有的用平方米做单位。虽然仅一字之差，但是差别是很大的，延米计算的家具对高度是有限制的，而平方米无论多高多宽，都只用平方米数乘以单价就能计算出总价，因此要看清楚报价单中所使用的单位。

◎ 漏项问题

控制预算必须注意漏项问题，要核对装修公司提供的项目是否齐全，有没有漏项缺项的行为。漏掉的项目在实际施工的时候也可以做，但是这部分费用就需要业主额外支付，导致增加装修预算。因此在装修之前要看清楚这部分项目。

2.3.3 预算报价单的审核

装修预算报价的内容应尽可能详细，用词要准确规范，避免缺项、漏项、言语模糊。要有工程概况的介绍，装修报价部分主要反映装修项目的价格、材料和工艺。要对整个工程的全部项目做详细说明，不能有遗漏。最后对装修报价中不详尽的部分加以补充说明。

△ 装修预算报价的内容应规范且详尽，不能出现缺项、漏项的情况

审核步骤	审核内容
油烟机、灶具	通过参考预算标立面的人工价格和材料进行每个项目的材料和人工价格比较。对于不明白的项目可以问清楚，对于预算表里有而装修公司没报的项目一定要问清楚，对装修公司有而预算表里没有的项目也要问清楚，以免装修公司逐渐加价，超出预算
去掉重复项目	对于有些重复的项目要审核清楚。比如找平，有的公司可能将厨房找平算一项，后面再单独加一项找平，为避免重复收费，一定要审核清楚
了解工程量	比如，防水处理，要弄清楚哪些面积要做开封槽，项目中的 40m 是哪里的尺寸，并确认数量是否正确
分清主材与辅料	主材和辅料一定要分开报价，并且每个材料的单价、品牌、规格、等级、用量都要让装修公司进行说明并分开报价
注明施工工艺	相同的项目，施工工艺和难度不同，人工费用也不同，需要装修公司对具体项目进行注明，比如贴不同规格的瓷砖所需的人工费是不同的
注意计价单位	报价单中的计量单位直接影响到最终的报价。比如，做电视柜，有的装修公司用延米计算，有的用平方米计算。按平方米计算的家具不论多高多宽，都按平方米数乘以单价来计算，而用延米计算的家具是有高度限制的
问清综合单价	对于笼统报价的项目要问清楚里面包括哪些内容
分清商家与装修公司的安装项目	有些产品是厂家包运送上楼负责安装的，这些费用要从装修公司的人工费用和运送费用中扣除，如吊顶、水管、橱柜、地板、门窗、墙纸等

2.4

家居装修常用预算表

Interior decoration Design

2.4.1 房屋基本情况记录表

<table>
<tr><td>房屋类型</td><td colspan="2">◇公寓　◇复式公寓　◇别墅　◇ Townhouse</td></tr>
<tr><td>层数</td><td colspan="2">第 ____ 层　共 ____ 层　　居住状况　◇精装修　◇毛坯房　◇二次装修</td></tr>
<tr><td>庭院</td><td colspan="2">◇有　◇无　　地下室 ◇有　◇无　　车库 ◇有　◇无</td></tr>
<tr><td>周围环境</td><td colspan="2">◇市区　◇郊区　◇紧邻　◇远离（主要街道、机场、地铁、铁路）</td></tr>
<tr><td>户型</td><td colspan="2">户型 ____ 室 ____ 厅 ____ 厨 ____ 卫</td></tr>
<tr><td rowspan="5">面积与层高</td><td>房间编号____ 层高____（m） 面积____（m²）</td><td>房间编号____ 层高____（m） 面积____（m²）</td></tr>
<tr><td>房间编号____ 层高____（m） 面积____（m²）</td><td>房间编号____ 层高____（m） 面积____（m²）</td></tr>
<tr><td>房间编号____ 层高____（m） 面积____（m²）</td><td>房间编号____ 层高____（m） 面积____（m²）</td></tr>
<tr><td>阳台 ______ 层高____（m） 面积____（m²）</td><td>车库 ______ 层高____（m） 面积____（m²）</td></tr>
<tr><td>地下室 _____ 层高____（m） 面积____（m²）</td><td>庭院 ______ 层高____（m） 面积____（m²）</td></tr>
<tr><td>卫浴间</td><td colspan="2">共有_____个卫浴间　分别在第_____层</td></tr>
<tr><td rowspan="16">装修流程</td><td>墙面</td><td></td></tr>
<tr><td>地面</td><td></td></tr>
<tr><td>顶面</td><td></td></tr>
<tr><td>上下水管</td><td></td></tr>
<tr><td>暖气管道</td><td></td></tr>
<tr><td>供热系统</td><td></td></tr>
<tr><td>空调系统</td><td></td></tr>
<tr><td>电路</td><td></td></tr>
<tr><td>电线电缆</td><td></td></tr>
<tr><td>网线</td><td></td></tr>
<tr><td>电话线</td><td></td></tr>
<tr><td>智能系统</td><td>◇有　◇无</td></tr>
<tr><td>门禁系统</td><td>◇有　◇无</td></tr>
<tr><td>楼梯</td><td>◇粗胚　◇已经做好</td></tr>
<tr><td>房间门</td><td>◇已装　◇未装</td></tr>
<tr><td>窗户</td><td>◇已装　◇未装</td></tr>
</table>

2.4.2 装修款核算记录表

工程总造价	________元	装修时间范围	
首付款比率 30%	________元		
二期款比率 30%	________元		
三期款比率 30%	________元		
尾款比率 10%	________元		

2.4.3 装修款核算表

主材费用及明细	辅料费用及明细	其他费用	税金	总计

Interior decoration

Design

第 3 章

家居装修风格定位

3.1

现代风格

Interior decoration Design

现代风格是最为接近现代人价值观的风格，无论造型、色彩还是实用性。现代风格虽然简单，但每一件家具都有自己的细节，这种简洁中透露出来的低调能够让人在快节奏的生活中一份宁静。事实上，现代风格并不是大家想象中的寡淡印象。例如经典的德系设计：以精确、人性化到极致而著称。很多精细和人性化的工业设计的形态都是简单得不能再简单，但丝毫未减少产品的魅力。

除了极简主义，日式风格和北欧风格都属于现代风格的范畴，这类设计风格十分简洁流畅，只是由于不同国家、地域的自然人文环境不同，多使用木质和其他温和型的材料。此外，轻奢主义也是现代风格的分支之一。严格意义上来说，轻奢不能算作一种风格，而是一种氛围，一种表现手法。所谓轻奢风格的室内空间设计，简而言之，便是拥有高雅的时尚态度，并不断追求高品质的生活享受，但又不过分奢华与繁复。

△ 家居空间呈现出简洁利落的线条感是现代简约风格的主要特征之一

△ 在现代风格的家居空间中，黑白色一直是最经典的配色组合之一

△ 无论造型简洁的椅子，还是强调舒适感的沙发，其功能性与装饰性都能实现恰到好处地结合

3.1.1 极简风格

极简风格的家居空间中不管硬装设计还是后期的家具布置，都以极简线条和造型为主，在保证使用功能的前提下，基本不会有任何多余的设计，给人简洁利落的印象。在极简风格的软装设计中，产品的品质和细节设计更容易显现出来，因此对设计的要求更高。

打造极简风格的装饰要素

◎ 装修材料以现代感强烈的钢铁、镜面、玻璃、人造石为主

◎ 大面积的留白是极简风格设计非常重要的手法之一

◎ 家具崇尚“少即是多”的美学原则，线条简洁流畅，强调功能性设计

◎ 大多数极简风格会选择纯度统一的大块颜色作为基础色

◎ 常做无主灯设计，空间内通过增设轨道灯、筒灯或者落地灯和台灯等实现满足需求

◎ 软装饰品简约抽象，造型简洁，反对多余装饰，比如无框装饰画的应用

△ 大多数极简风格会选择纯度统一的大块颜色作为基础色

△ 常做无主灯设计，空间内通过增设轨道灯、筒灯或者落地灯和台灯等满足照明需求

△ 家具崇尚“少即是多”的美学原则，线条简洁流畅，强调功能性设计

3.1.2 轻奢风格

在现代室内设计中，所谓轻奢风格就是在不断追求高品质生活的同时，又不过分奢华与繁复。用软装饰品在一些简单朴素的风格中加以精致的修饰，或者将一些古典风格变得更加年轻、现代，将一些繁复的风格变得更加简洁、时尚，更具时代感。

轻奢风格虽然注重简洁的设计，但并不像简约风格那样随意。在看似简洁朴素的外表之下，折射出一种隐藏的贵族气质，这种气质大多通过各种设计细节来体现。如自带高雅气质的金色元素、纹理自然的大理石、满载光泽的金属以及舒适慵懒的丝绒面料等。

打造轻奢风格的装饰要素

◎ 常使用大理石材质体现更为独特的空间魅力

◎ 金属材质自带摩登而不缺乏装饰主义的气息，是体现轻奢质感的常用元素

◎ 轻奢风格中的护墙板以白色、灰色和褐色居多，也可以根据个性需求进行颜色定制

◎ 把丝绒面料用在轻奢风格单品或者融入其他产品中，能起到画龙点睛的作用

◎ 驼色、象牙白、金属色、高级灰等带有高级感的中性色，能令轻奢风格的空间质感更为饱满

◎ 轻奢风格空间可以选择丝绒、丝棉等细腻、亮泽的面料，而垂顺的面料更适合这一风格

△ 轻奢风格的室内空间常常大量使用金属色，以营造奢华感。金属色的美感通常来源于它的光泽和质感，因此金属色最常体现在家具的材质上

△ 轻奢风格空间通常采用金属、水晶以及其他新材料制造的工艺品、纪念品，与家具表面的丝绒、皮革一起营造出华丽典雅的空间氛围

3.1.3 北欧风格

北欧风格的主要特征是极简主义，以及对功能性的强调。较多使用未经精细加工的原木，注重利用软装营造随性舒适的氛围。随着现代工业化的发展，北欧风格保留了自然、简单、清新的特点。不过，其空间设计形式还在不断发展。现今的北欧风格家居设计已不再局限于当初的就地取材，工业化的金属以及新材料也逐渐被应用于北欧风格家居空间中。

北欧风格的家居设计源于日常生活，在空间结构以及家具造型的设计上都以实用功能为基础。比如，大面积地运用白色、线条简单的家具以及通透简洁的空间结构设计，都是为了满足北欧家居空间对采光的需求。

打造北欧风格的装饰要素

◎ 北欧风格空间中常见原木制成的梁、檩、椽等建筑构件
◎ 北欧风格对空间的功能分区比较模糊，一般利用软装进行空间分割
◎ 通常选择白色、米色、浅木色等淡色作为基础色，给人以干净明朗的感觉
◎ 家具以简洁的几何线条特征闻名于世，通常保留自然木纹，如果刷漆的话，一般漆成白色或者淡黄色
◎ 麋鹿头的墙饰一直都是北欧风格的经典代表，多以铜、铁等金属或木质、树脂为材料
◎ 围绕蜡烛而设计的各种烛灯、烛杯、烛盘、烛托和烛台也是北欧风格的一大特色

△ 北欧风格在家具形式上，以圆润的曲线和波浪线代替了棱角分明的几何造型，呈现出更为强烈的亲和力

△ 北欧风格家居善用软装营造出一种简洁自然、随性舒适的氛围

△ 在色彩上，常以白色为基础色，搭配浅木色以及高明度和高纯度的色彩加以点缀，使家居空间显得简朴而现代化

3.1.4 日式风格

日式风格深受中国文化的影响，例如，在日式风格家居中极为常用的格子门窗，就是宋朝时期传入日本，并一直沿用至今，成为日式风格的显著特征之一。日式风格崇尚简约、自然以及秉承人体工程的特点，较多使用充满自然质感的材料，追求一种淡泊宁静、清新脱俗的生活。现代人提及的日式简约风，已经在日本品牌“MUJI”（无印良品）中全部表现出来——设计简洁、高冷文艺、禁欲主义。

日式风格的家居空间往往呈现出简洁明快的特点，不仅与地方的气候、风土及自然环境相融合，而且能营造出一种不带明显标签的文化氛围。

打造日式风格的装饰要素

◎ 常用自然质感的装修材料，呈现出与大自然深切交融的家居景象

◎ 格子门窗作为传统日式风格的重要元素，在现代日式风格的家居空间中经常会出现

◎ 配色都是来自大自然的颜色，如米色、白色、原木色、麻色、浅灰色和草绿色等

◎ 榻榻米是日式风格典型的元素，也可节省空间

◎ 家具一般比较低矮，造型简洁，棱角多采用自然圆润的弧度设计

◎ 枯山水在家居软装中经常以微型景观的形式出现

△ 榻榻米是日式风格典型的元素，可节省空间

△ 现代日式风格简化传统元素，呈现出简洁明快的时代感

△ 原木色与白色的搭配是日式风格的常用色彩之一，表现出清新自然的气质

3.2

创新风格

Interior decoration Design

创新风格是由古典风格改良而来的室内装饰风格。例如新中式风格、新古典风格等经过融合而形成的创新风格，体现出来的不单单是古典风格的延续，更是人们与时俱进的一种发展理念。

这些“新”，是利用新材料、新形式对传统文化的一种创新演绎。将古典风格以现代手法进行诠释，融入现代元素，注入古典的风雅意境，使空间散发出淡然悠远的人文气韵。

△ 利用新材料对传统文化进行创新演绎

△ 创新风格提炼了传统经典元素并加以简化和丰富，更注重意境美

△ 相较于古典风格，创新风格的空间设计手法更为简洁，注重实用性

3.2.1 新中式风格

简单地说，新中式风格是对古典中式家居文化的创新、简化和提升，是以现代的表现手法去演绎传统，而不是丢掉传统。因此，新中式风格的设计精髓还是以传统的东方美学为基础。作为现代风格与中式风格的结合，新中式风格更符合当代年轻人的审美观。

新中式风格在设计上采用现代的手法诠释中式风格，形式比较活泼，用色大胆。空间装饰多采用简洁、硬朗的直线条。例如，直线条家具的局部点缀采用铜片、铆钉、木雕饰片等富有传统意蕴的装饰。材料上既可选择木材、石材、丝纱织物，也可选择玻璃、金属、墙纸等工业化材料。

打造新中式风格的装饰要素

◎ 装修材料即可选择木材、石材、丝纱织物，也可选择玻璃、金属、墙纸等工业化材料

◎ 木格栅被大量运用在新中式空间中，空间隔断可以做到朦胧优雅而不沉闷，创造光与影的朦胧之美

◎ 用色非常广泛，不仅有浓艳的红色、绿色，还有水墨画般的淡色，甚至有大面积的留白设计

◎ 家具设计在形式上简化了许多，通常运用简单的几何形状来表现物体，以线条简练的仿明式家具为主

◎ 灯具造型偏现代，线条简洁大方，往往在部分装饰细节上融入中国元素

◎ 荷叶、金鱼、牡丹等具有吉祥寓意的工艺品经常作为新中式空间的挂件装饰

△ 将东方韵致与现代美学融为一体，演绎出传统的人文情怀

△ 新中式家具的特点是以现代手法简化古典中式家具的复杂结构

3.2.2 新古典风格

新古典风格传承了古典风格的文化底蕴、历史美感及艺术气息，加入简洁实用的现代设计，将繁复的家居装饰凝练得更为简洁精雅。例如，墙面上去掉了复杂的欧式护墙板，用石膏线勾勒出线框，把护墙板的形式简化到极致。

新古典风格在色彩的运用上打破了传统古典风格的厚重与沉闷，并且给人雅致华丽的感觉，如金色、黄玉色、紫红色、深红色、海蓝色与亮绿色等如宝石一般高贵、典雅的色彩，还常运用各种灰色调、浅褐色调与米白色调，赋予整个空间大方、宽容的非凡气度。

打造新古典风格的装饰要素

◎ 摒弃传统古典风格中造型繁复的护墙板，常以设计简洁的石膏线条框作为墙面造型

◎ 色彩上给人雅致华丽的感觉，如运用金色、黄玉色、紫红色、深红色、海蓝色与亮绿色等高贵、典雅的色彩

◎ 依旧保留古典家具的曲线和曲面，同时又加入了现代家具的简简洁线条，常带有实木雕花、亮光烤漆、贴金箔或银箔、绒布面料等装饰

◎ 水晶灯或玻璃枝形吊灯是新古典风格空间的主要照明灯具

◎ 经常选择烛台、金属动物摆件、水晶台灯或者果盘、烟灰缸等摆件

◎ 真丝、绒布等气质华贵的面料是新古典风格家居的必然之选，布艺的古典纹样都进行了简化处理，以较为现代的样貌进行呈现

△ 新古典风格在色彩的运用上给人雅致华丽的感觉，打破了传统古典风格的厚重与沉闷

△ 水晶灯、壁炉以及真丝、绒布等华贵气质的面料是新古典风格家居空间常见的装饰要素

3.3

异域风格

Interior decoration Design

异域风格的民族文化特色比较明显，属于相对小众的设计风格。地中海风格、东南亚风格、摩洛哥风格、印度风格都是较为典型的异域风情类装饰风格。这种风格的设计要求复杂而且模仿性强，往往渗透到该风格文化的各种细节中，大到硬装布局，小到抱枕的刺绣花边。

△ 呈现民族文化特色的异域风格空间

△ 富有浓郁的地中海人文风情和追求古朴自然的基调是地中海风格室内设计的最大特点

3.3.1 地中海风格

地中海风格是海洋风格室内设计的典型代表，具有自由奔放、色彩多样且明艳的特点。设计时会大量运用石头、木材、水泥以及充满肌理感的墙面，最后呈现的效果是色彩感和形状感均不突出，却充满强烈的材质感。

地中海风格家居空间经常在大量使用蓝色和白色的基础上，加入鹅黄色，起到暖化空间的作用。房间的空间穿透性与视觉的延伸性是地中海风格的要素之一，比如大大的落地窗。空间布局上充分发挥了拱形的作用，令人在移步换景中感受到一种延伸的通透感。

打造地中海风格的装饰要素

◎ 连续的拱廊、拱门、墙面圆拱镂空、马蹄型门窗是地中海家居重要的装饰元素

◎ 蓝色和白色搭配是比较典型的地中海风格配色，充满肌理感的大地色系也较为常见

◎ 家具材质一般选用自然原木、天然的石材或者藤类，此外独特的锻打铁艺家具，也是地中海风格家居的特征之一

◎ 除了蒂芙尼灯具，古朴而又富有异域风情的风油灯与地中海的度假风相得益彰

◎ 铁艺装饰品是地中海风格家居常用的元素，无论铁艺花器还是铁艺烛台，都能为地中海风格的空间制造亮点

◎ 有关海洋的各类装饰物件都可运用在地中海风格的空间中，如帆船、冲浪板、灯塔、珊瑚、海星、鹅卵石等

△ 藤质家具是经常出现在地中海风格家居空间中的家具类型之一

△ 蓝色与白色的搭配是地中海风格最典型的色彩搭配组合

△ 利用拱形元素使人有一种延伸的通透感是地中海风格的一大特征

3.3.2 东南亚风格

东南亚风格是一种将东南亚民族特色元素运用到家居空间的装饰风格，体现了休闲、舒适的设计理念。相比于其他家居风格，东南亚风格的设计追求自然、原始的环境。除了较多运用木材、藤、木皮等纯天然材质，设计中经常利用一些传统元素，如木质结构设计的小物件、纱幔、烛台、藤制品、简洁的纹饰、富有代表性的动物图案等。

打造东南亚风格的装饰要素

◎ 墙面大多采用石材、原木或接近天然材质的墙纸进行装饰

◎ 实木家具、藤编家具较为常见，工艺上以纯手工打磨或编织为主，完全不带一丝现代工业化的痕迹

◎ 为了接近自然，大多就地取材，如贝壳、椰壳、藤、枯树干等天然元素都可作为灯具的制作材料

◎ 色彩艳丽的布艺极富表现力，其绚丽的色泽、精致的图案就像一件艺术品

◎ 除了芭蕉和菩提等大叶植物，大象、孔雀等元素也是东南亚风格空间的典型元素，这两种动物在东南亚是神圣的象征，寓意吉祥、平和

◎ 佛教元素的装饰品在东南亚风格中也很常见，例如佛头、佛脚、佛手等

△ 东南亚风格的软装饰品多为木雕或铜制品，追求一种禅意的宁静

△ 质地轻柔、色彩艳丽的抱枕是打造东南亚风格不可或缺的软装元素

△ 由于东南亚风格崇尚自然，所以在色彩上多保持自然的原色调，芭蕉叶的造型让吊扇灯展现出不同的风姿，很好地呈现出东南亚风情

3.4

乡村风格

Interior decoration Design

乡村风格也叫田园风格，是自然主义设计风格的一个分支。在设计理念上倡导回归自然，崇尚自然的美感。

回归自然是乡村风格的核心。因此在装饰的用料上崇尚自然元素，而且不做精雕细刻，常运用天然木、石、藤、竹等材质装点空间，一定程度的粗糙和破损反而是更好地体现乡村风格主题的传达方式。乡村风格空间的色彩以自然色调为主，白色、原木色、绿色、土褐色最为常见，散发着质朴气息。

△ 乡村风格运用天然木、石、藤、竹等材质装点空间

△ 棕色系的墙面和泥土的颜色相近，能给人亲切舒适的感觉

△ 带点灰度的绿色配合文化石铺贴的壁炉，抒发自然质朴的情怀

3.4.1 美式乡村风格

美式乡村风格是美国西部乡村的生活方式演变到今天的一种形式，非常重视生活的自然舒适性，充分显现出乡村的朴实风味。在选材方面以实木、印花布、麻织物为重点材料，盆栽、小麦草、水果、瓷盘以及铁艺制品等都是美式乡村风格空间中常用的软装饰品。

打造美式乡村风格的装饰要素

◎ 在装饰材料上常使用实木，特点是稳固扎实，经久耐用，例如北美橡木、樱桃木等

◎ 美式乡村风格常以自然色调为主，棕色、绿色或者土褐色是最为常见的色彩

◎ 家具的线条除了多采用无装饰雕工设计，在原木的材质表面上还会刻意做出斑驳的岁月痕迹

◎ 格子印花布及条纹花布是美式乡村风格的代表花色，尤其是棉布材料的沙发、抱枕及窗帘等最能表现美式乡村风格自然 的舒适质感

◎ 常用做旧工艺的铁艺挂钟和复古原木挂钟做装饰，挂钟边框采用手工打磨做旧，其中木质挂钟、椭圆形麻绳挂钟、网格挂钟都是不错的选择

◎ 花器以陶瓷材质为主，工艺大多是冰裂釉和釉下彩，一些做旧的铁艺花器也可以给空间增添艺术气息和怀旧情怀

△ 原木、藤编与铸铁材质都是美式乡村风格中常见的素材，经常用于空间硬装、家具用材或灯具上

△ 美式乡村风格的设计在注重实用性的同时，通常显得十分随性

3.4.2 法式乡村风格

法式乡村风格诞生于法国南部村庄，散发出质朴、优雅、古老和友善的气质，与处在法国南部的普罗旺斯地区农民相对悠闲而简单的生活方式密不可分。这种风格混合了法国庄园精致生活与法国乡村简朴生活的特点。法式乡村风格少了一些美式乡村风格的粗犷，多了一些大自然的清新和普罗旺斯的浪漫。

△ 水洗白处理的家具以及表面质感粗犷的石材壁炉是法式乡村风格的主要特征

打造法式乡村风格的装饰要素

◎ 装饰中常用未经抛光处理的石材，表面常带有磨损或者坑洞等痕迹

◎ 家具材料以樱桃木和榆木居多，很多家具还会采用手绘装饰和洗白处理，尽显艺术感和怀旧情调

◎ 布艺常用天然或者漂白的亚麻布，经常出现白底红蓝条纹和格子图案

◎ 花艺常常是一些插在壶中的香草和鲜花，如果增加一些薰衣草装饰，那就是对法式浪漫风情的最佳诠释

◎ 法式乡村风格的挂件表面一般都显露出岁月的痕迹，如壁毯、挂镜以及挂钟等，其中尺寸夸张的铁艺挂钟往往成为空间的视觉焦点

◎ 除了必备的花器，藤制的收纳篮、花纹繁复厚重的相框和镜框等都是不错的选择

△ 法式乡村风格布艺崇尚自然，把当时中式花瓶上的一些花鸟蔓藤元素融入其中，布艺上常饰以甜美的小碎花图案

△ 法式乡村风格注重怀旧感，整体散发出一种自然气息

Interior decoration

Design

第 4 章

家居装修材料选择

4.1

水电材料

Interior decoration Design

4.1.1 PPR 水管

PPR 管作为一种新型的环保材料，凭借耐腐蚀、耐热、无毒无害、输送阻力小等优势，成功替代传统的镀锌管、铜管、不锈钢管等产品，成为当下最常用的家装水管管材。

性能	优质管材	劣质管材
外观	不仅管身和内壁都十分光滑，而且色泽明亮有油质感	由于材料中掺杂了低质的塑料甚至石灰粉等材料，导致其色泽极不自然，切口断面更是干涩无油质，就像内部加入了粉笔灰一般
柔韧性	历经捶、砸、掰或脚踩等一系列考验，由于其韧性非常强，因此不会发生断裂	因韧性较差，常常一弯即折，一砸即断
硬度	硬度相当不错，一般人若仅靠手捏是无法使其变形的	用手就可以捏变形
环保性	用火燃烧时，不会有熏人的黑烟出现，更不会有异味和残留	燃烧后会有熏人的黑烟出现

△ PPR 排水管

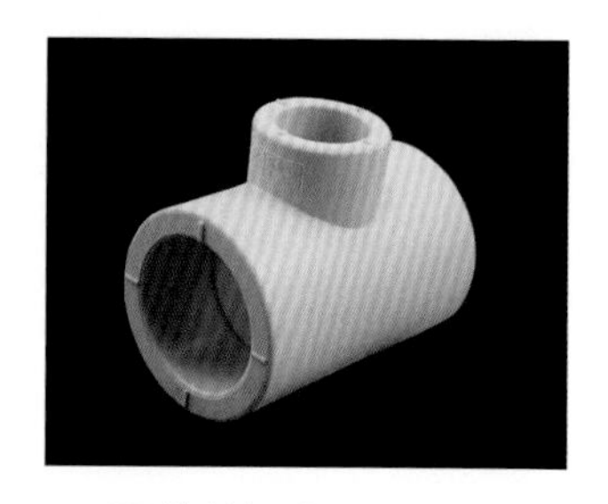

△ PPR 排水管三通

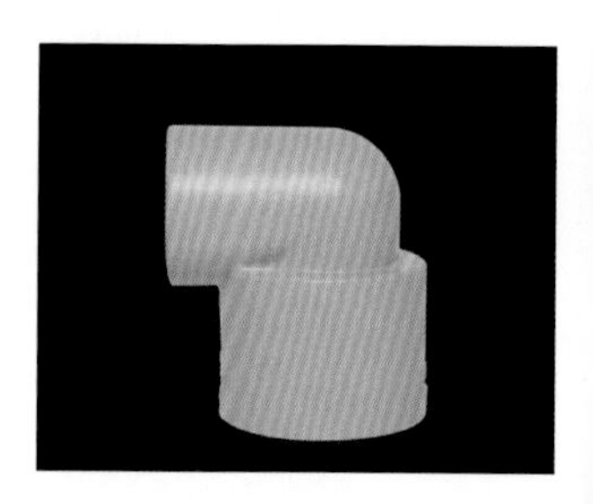

△ PPR 排水管内螺纹弯头

4.1.2 PVC 排水管

PVC 排水管是以卫生级聚氯乙烯（PVC）树脂为主要原料，加入适量的稳定剂、润滑剂、填充剂、增色剂等经塑料挤出机挤出成型和注塑机注塑成型，经过冷却、固化、定型、检验、包装等工序而完成的管材。它壁面光滑，阻力小，密度低。

PVC 排水管的型号用公称外径表示，家装常用的 PVC 管道公称外径分别为 110mm、125mm、160mm、200mm 等。PVC 排水管的配件种类比 PPR 管更多，包括管卡、四通、存水弯、管口封闭和直落水接头等。

PVC 排水管的连接方式主要有密封胶圈、粘接和法兰连接三种。PVC 排水管的直径大于等于 100mm 时，一般采用胶圈连接；管径小于 100mm 的，一般采用粘接连接，也有的采用活接连接。

步骤	选购方法
看外观	常见的 PVC 排水管的颜色为乳白色且颜色均匀，内外壁均比较光滑。质量较次的 PVC 排水管的颜色要么雪白，要么有些发黄，有的还出现颜色不均的情况；还有一些排水管的外壁看上去特别光滑，但是内壁很粗糙，甚有针刺痕迹或小孔
检查韧性	将管材锯成窄条后，试着折成 180°，如果一折就断，说明韧性很差，脆性大；如果很难折断，说明韧性强。在折时需要费力才能折断的管材，强度更好，韧性一般不错。最后可观察断茬，茬口越细腻，说明管材均化性、强度和韧性越强
检测抗冲击性	可选择室温接近 20℃的环境，将锯成 200mm 长的管段（对 110mm 管），用铁锤猛击，好的管材，用人力很难一次击破
选择正规品牌、厂家	选择 PVC 排水管时，应到有信誉的商家选择大型的知名企业的产品，或到知名品牌的直销点购买

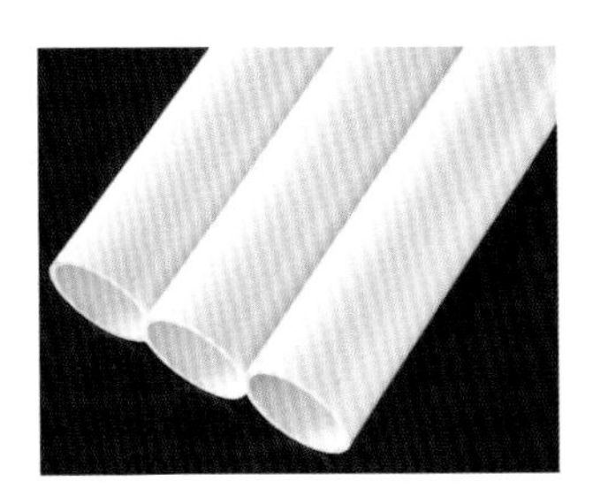

△ PVC 排水管

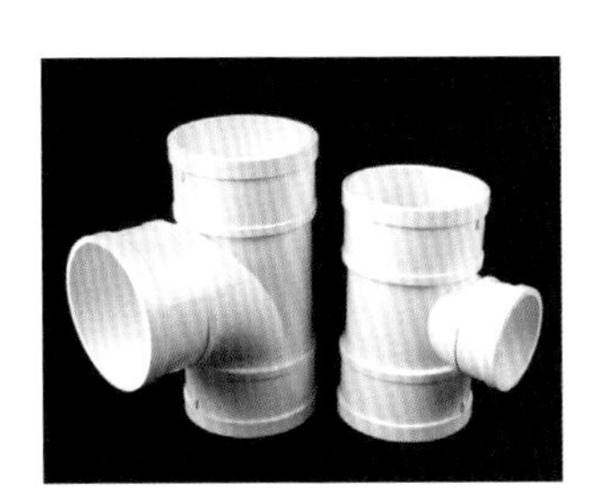

△ PVC 排水管三通

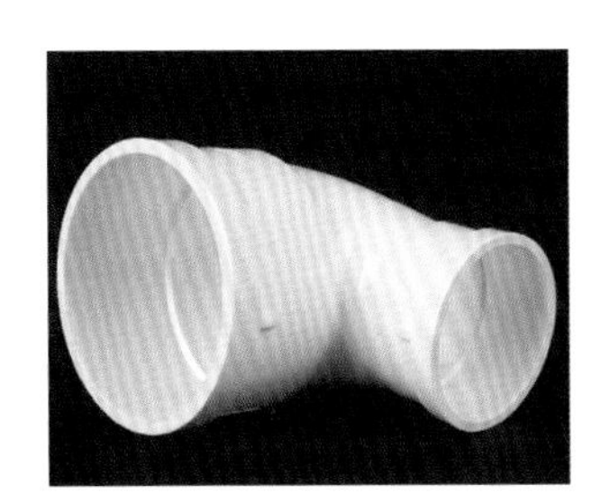

△ PVC 排水管弯头

4.1.3 铜塑复合管

铜塑复合管又称铜塑管，是一种将铜水管与 PPR 经过热熔挤制、胶合而成的给水管。铜塑复合管的内层为无缝纯铜管、外层为 PPR，保留了 PPR 供水管的优点。

选购铜塑复合管时应观察管材、管件外观，所有管材、配件的颜色应该基本一致，内外表面应光滑、平整、无凹凸，无起泡与其他影响性能的表面缺陷，无可见杂质。测量管材、管件的外径与壁厚，对照管材表面印刷的参数，看是否一致，尤其要注意管材的壁厚是否均匀，这直接影响管材的抗压性能。可以用手指伸进管内，优质管材的管口相当光滑，没有任何纹路，裁切管口无毛边。可以对着管口闻一闻，优质产品不应有任何气味。观察配套接头配件，铜塑复合的接头配件应当为固定配套产品，且为优质纯铜，每个接头配件均用塑料袋密封包装。如果怀疑管材的质量标识，可以先买一根让工人试装，看热熔时会不会出现掉渣现象或产生刺激性气味，如果没有，则说明质量不错。

△ 铜塑复合管

4.1.4 铝塑复合管

铝塑复合管又称铝塑管，共有五层，内外层均为聚乙烯，中间层为铝箔层，在这两种材料中间还各有一层黏合剂，五层紧密结合成一体。

铝塑复合管的常用规格有 1216 型与 1418 型两种，其中，1216 型管材的内径为 12mm，外径为 16mm；1418 型管材的内径为 14mm，外径为 18mm。长度有 50m、100m、 200m 多种，成卷包装，根据需要裁切出售。1216 型铝塑复合管的价格约为 3 元 /m，1418 型铝塑复合管的价格约为 4 元 /m。

在选材之前一定要先确定用途。如果只用来输送冷水，那就可以使用非交联铝塑复合管；如果用于输送热水，那就一定要选用内外层交联的铝塑复合管。

从外观上看，优质铝塑复合管的表面光滑，并且管上的信息（规格、适用温度、商标、生产编号等）很全面，也很清晰。假冒伪劣产品的信息要么不全，要么模糊不清。

在铝塑复合管中，铝层位于中间，但是不容忽视，选购时一定要仔细观察铝层。为了保证使用效果，在铝层的搭接处，优质的铝塑复合管会有焊接，而劣质的铝塑复合管则没有焊接。

此外，可以用小刀割开最外层，观察外面的塑料层是否与紧挨着的铝层联结紧密。优质的铝塑复合管中，这两层黏合紧密，很难分开；反之，如果这两层是分离的，就证明其是劣质产品。

△ 铝塑复合管

4.1.5 电线

电线分类多样，按用途不同可以分为多种类型，相较于工程等其他用途的电线，家用电线的功能要求相对较低。

类型	性能特点	用途	价格
单股线	结构简单，色彩丰富，需要组建电路，施工成本低，价格低廉	照明、动力电路连接	长 100m，2.5m^2 200~250 元 / 卷
护套线	结构简单，色彩丰富，使用方便，价格较高	照明、动力电路连接	长 100m，2.5m^2 450~500 元 / 卷
电话线	截面较小，质地单薄，功能强大，传输快捷，价格适中	电话、视频信号连接	长 100m，4 芯 150~200 元 / 卷
电视线	结构复杂，具有屏蔽性能，信号传输无干扰，质量优异，价格较高	电视信号连接	长 100m，120 编 350~400 元 / 卷
音箱线	结构复杂，具有屏蔽功能，信号传输无干扰，质量优异，价格昂贵	音箱信号连接	长 100m，200 芯 500~800 元 / 卷
网路线	结构复杂，单根截面较小，质地单薄，传输速度较快，价格较高	网络信号连接	长 100m，6 类线 300~400 元 / 卷

步骤	选购方法
看包装	盘型整齐、包装良好、合格证上项目（商标、厂名、厂址、电话、规格、截面、检验员等）齐全并印字清晰的电线一般是大厂家生产的电线，大厂家大多符合国家相关标准，因此质量可靠
比较线芯	打开包装简单看一下里面的线芯，比较相同标称的不同品牌的电线的线芯，如果两种线明显有一种皮很厚，那么，皮厚的牌子的电线不可靠。用力扯一下线皮，不容易扯破的一般为国标线
用火烧	绝缘材料点燃后，移开火源，5s 内熄灭的，有一定阻燃功能，应该为国标线
看内芯	内芯（铜质）的材质越光亮、越软，铜质越好。国标要求内芯一定要用纯铜
看线上印字	国家规定电线上一定要印有相关标识，如产品型号、单位名称等，标识最大间隔不超过 50cm，印字清晰、间隔匀称的一般为大厂家生产的国标线

4.1.6 穿线管

电线不能直接敷设在墙内，必须用穿线管加以保护，这样也方便维修。根据性能、使用场合等的不同，家装中常用的穿线管有以下几种。

类型	特点	选购方法
PVC 穿线管	具有优异的电气绝缘性能，施工方便、不会生锈，在家装电路改造中使用较为普遍	首先检查管材的外壁是否有生产厂标记和阻燃标记；其次可用火点燃管材，然后将之撤离火源，看 30 秒内是否自熄；还可将管材弯曲 90° 后看外观是否光滑；最后，可用榔头敲击至管材变形，无裂缝的为冲击测试合格的产品
金属穿线管	常见的金属管为镀锌钢管，耐热耐压防火。一般只适用于高层建筑，虽然成本较高，但不易弯曲变形	选购时要注意穿线管不应有折扁和裂缝，管内应无毛刺，穿线管的外径及壁厚应符合相关的国家标准，若穿线管绞丝出现烂牙或穿线管出现脆断现象，则说明钢管质量不符合要求

4.1.7 接线暗盒

接线暗盒是采用 PVC 或金属制作的电路接线盒。在家装中，各种电线的布设都采取暗铺装的方式施工，即各种电线埋入顶、墙、地面或构造中，从外部看不到电线的形态与布局。接线暗盒一般需要进行预埋安装，是必备的电路辅助材料。接线暗盒主要起到连接和过渡各种电路、保护线路安全的作用。

常见的暗盒型号有 86 型、120 型。86 型暗盒尺寸约为 80mm × 80mm，面板尺寸约为 86mm × 86mm。是使用最多的一种接线暗盒。120 型接线暗盒分为 120/60 型和 120/120 型两种。120/60 型暗盒尺寸约为 114mm × 54mm，面板尺寸约为 120mm × 60mm。120/120 型暗盒尺寸约为 114mm × 114mm，面板尺寸约为 120mm × 120mm。

步骤	选购方法
选择材料	暗盒应采用防冲击、耐高温、阻燃性好、抗腐蚀的绝缘材料。选择时可以采用燃烧、摔踩等方式进行测试
尺寸精确	螺钉间距、标准大小的 6 分管、4 分管接孔等尺寸应精确。尺寸不够精确的暗盒，可能造成开关插座安装不牢固或暗盒内部漏浆
高质量的螺钉口	好的暗盒螺钉口为螺纹铜芯外包绝缘材料，能保证多次使用不滑口。部分暗盒的一侧螺钉口还有一定空间可以上下活动，这样即使开关插座安装略有倾斜，也能顺利地固定在暗盒上
较大的内部空间	暗盒内部空间大能减少电线缠结，利于散热

4.1.8 开关、插座

开关、插座不仅是一种家居功能用品，更是安全用电的主要零部件，其产品质量、性能材质对预防火灾、降低损耗都有至关重要的作用。

常见的开关有单控开关、双控开关、延时开关、红外线感应开关、声控开关等。选购时应根据各居室空间的灯光、电器控制、用电方式、使用功能等，选择适合的开关、插座。如楼道的灯光控制可以选择声控开关，这样比较方便且节能；卫生间的排气扇可以选择延时开关，使关闭开关后，有几分钟时间继续排放污气。

开关、插座的面壳和内部使用的材质，一般具有绝缘性，防止漏电。常见的开关、插座的面板材质有 ABS 材料、PC 料等，流体材质有黄铜、锡磷青铜、红铜等。在选择时，应当挑选有防火阻燃功能的材质。PC 料有着比较好的耐热性、阻燃性以及高抗冲性；ABS 材料价格相对便宜、阻燃性和染色性也很好，不过韧性差，抗冲击能力弱，使用寿命短。

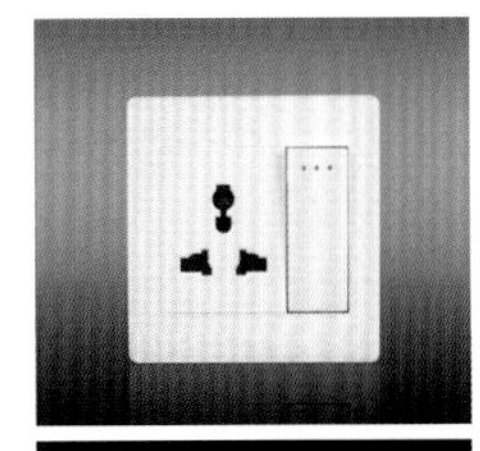

△ 开关、插座

步骤	选购方法
看外观	通过外观判断开关面板材料的好坏。好的材料表面光洁度好，有质感；如果使用了劣质材料，或加入了杂料，面板颜色会偏白，有瑕疵点
开关插拔次数	目前关于开关插拔次数的国家标准是 5 000 个来回，一些优质产品已经达到 1 万次。另外，在选购时还可以用插头插一下插座，看插拔是否偏紧或偏松
铜片处理工艺	普通铜片很容易生锈，镀镍工艺是在铜片上镀一层镍，以有效防止铜片生锈，安全系数非常高且使用寿命长。质量好的铜片的硬度、强度非常高，在选购的时候可以尝试弯折铜片
是否设置儿童保护门	将一块金属片插入插座的一个插孔，保护门不会开启，处于自锁状态，这样可以有效防止儿童触电事故的发生
孔间距	孔间距就是两孔跟三孔之间的间距，较大的间距可以避免插座“打架”现象，减少插座的安装。有些开关的间距可能只有 18mm，甚至 17mm，两个插头同时插入就可能会碰撞，无法同时使用。一般，孔间距要达到 20mm，才能保证两个大尺寸插头可同时插入

4.2

顶面材料

Interior decoration Design

4.2.1 龙骨

龙骨是用于制作吊顶的主材料，大致可分为木龙骨和轻钢龙骨。木龙骨方便做造型，但木材须经过良好的脱水处理，保持干燥的状态，其中白松木就是比较适合的做木龙骨材料。轻钢龙骨一般是用镀锌钢板冷弯或冲压而成，是木龙骨的升级产品。

木龙骨的市场价格大约是 1.75 元 /m，而轻钢龙骨的市场价格在 3.55 元 /m 左右。木龙骨由于质地较软，所以在加工过程中，可被制成多种不同的造型，而且能够与其他木制品相互搭配使用，加工工艺较为简单。而轻钢龙骨则因材质过于坚硬，所以在进行造型加工的时候，有着比木龙骨更为严格的工艺标准，不仅增加了加工难度，而且提高了对施工人员的技术要求。

选用轻钢龙骨时应严格根据设计要求和国家标准，选用木龙骨时需注意含水率不能超标。龙骨的规格型号应严格筛选，不宜过小。其次，除了选用大厂家生产的质量较好的石膏板，使用较厚的板材也是预防接缝开裂的一种有效手段。

△ 木龙骨

△ 轻钢龙骨

4.2.2 铝扣板

铝扣板以铝合金材质制成，防潮、防火是其最大的特点。传统的铝扣板是光面的，随着现代制作工艺的不断发展，目前市面上的铝扣板有丝面、丝光、镜面等多种不同的表面处理形式，呈现不同的颜色和图案，看上去更加光彩亮眼。

由于防水、防潮性能优越，铝扣板常被应用于厨房和卫浴间的顶面装饰中。在安装厨卫空间顶面的铝扣板前，要先固定好油烟机的软管烟道以及确定好浴霸、排风扇的位置。

选择铝扣板时，要看其表面是否平整光滑，厚度是否适中。铝扣板并不是越厚质量就越好，可通过肉眼和手感判断铝扣板的厚度。除了看板面是否光滑以及确认厚度，还要看铝扣板的弹性和韧性。可选取一块样板，尝试用手将其折弯。质量好的铝材不容易被折弯，而且被折弯之后，往往会在一定程度上出现反弹的情况。如铝材轻易被折弯，而且折弯后无反弹甚至出现断裂的情况，则说明该铝扣板的品质较差。

△ 铝扣板

4.2.3 硅酸钙板

硅酸钙板是以无机矿物纤维为增强材料，以硅质以及钙质材料为胶结材料，经高温高压工艺制作而成的板材。作为新型绿色环保建材，硅酸钙板除了具有传统石膏板的功能，还有防火、防潮、隔音、防虫蛀以及耐久性强等优点，因此是现代室内空间顶面的理想装饰板材。硅酸钙板的品质和密度相关，可按低密度、中密度、高密度进行划分，密度越高的硅酸钙板，其品质的越好。

硅酸钙板在施工时会有钉眼，因此表面需要上漆或用其他饰面材质进行美化处理。硅酸钙板的厚度通常有 6mm、8mm、10mm、12mm 这几个规格，其中，厚度 6mm 的产品最为常用，具体可以根据实际需要进行选择。

△ 平面硅酸钙板

△ 穿孔硅酸钙板

4.2.4 石膏板

石膏板是以建筑石膏为主要原料，加入纤维、黏结剂、改性剂，经混炼压制而成的一种室内装修材料，具有重量轻、强度高、厚度薄、加工方便以及隔音绝热和防火性能好等优点，是现代家居吊顶设计中最常用的材料之一。

石膏板一般可分为纸面石膏板、防水石膏板、穿孔石膏板、浮雕石膏板四类。通常平面石膏板适用于各种风格的家居空间；而浮雕石膏板则主要适用于欧式风格的家居空间。如果想在顶面设计一些有弧度的造型，基本都可以用石膏板来完成。此外，由于石膏板吸水性好，容易受潮发霉，因此在卫浴间、厨房等较为潮湿的空间，宜采用具有防水功能的石膏板材料，再搭配防水漆，这样可避免油烟以及水汽的侵蚀，而且清洁起来也更加方便。

△ 纸面石膏板

△ 防水石膏板

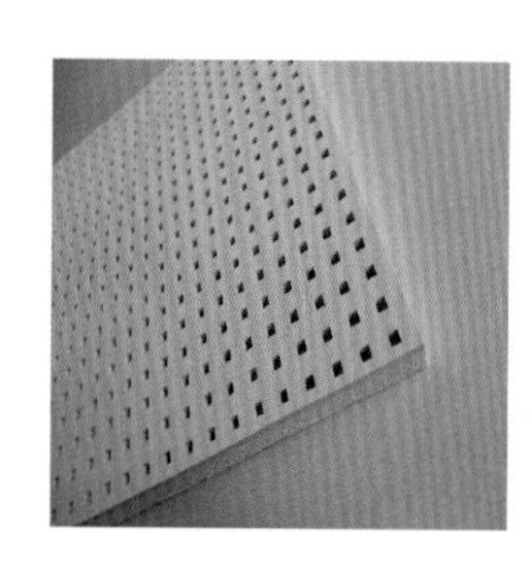

△ 穿孔石膏板

△ 浮雕石膏板

步骤	选购方法
选择材料	质量有保证的石膏板的包装箱上会清晰地印有产品的名称、质量等级、生产日期等
检查裂纹	纸面石膏板上下两层的皮纸要结实且没有裂纹。如果石膏板的纸面出现裂纹，那么石膏板就会从纸面的裂纹处开裂
听声音	用手敲击石膏板，如果发出的声响结实低沉，则说明石膏板的质地比较紧密；如果石膏板发出的声音非常空阔，则说明石膏板内部有空鼓的现象
检查尺寸偏差	观测石膏板的实际尺寸与标准尺寸的偏差，偏差越小，石膏板越好。偏差过大的石膏板在装饰时接缝处会不齐整，影响装饰效果
检查平面度和直角偏离度	平面度、角偏离度及尺寸偏差也是影响石膏板品质的重要因素，在选购时，尽量选择平面度、直角偏离度和尺寸偏差较小的石膏板

4.2.5 PVC 扣板

PVC 扣板以聚氯乙烯树脂为基料，加入一定量抗老化剂、改性剂等助剂，经混炼、压延、真空吸塑等工艺制作而成。PVC 扣板具有质量轻、防潮湿、隔热保温、不易燃烧、易清洁、易安装、价格低等优点。特别是用新工艺加工而成的 PVC 扣板，由于加入了阻燃材料，能够离火即灭，更为安全。

△ 单色 PVC 扣板

PVC 扣板是中间为蜂巢状空洞、两边为封闭式的板材，表层装饰分为单色和花纹两种，花纹有仿木兰、仿大理石、昙花、蟠桃、格花等多种图案，花色品种有乳白、米黄、湖蓝等。在实际设计中，可选择淡色系的 PVC 扣板，花色不要太鲜艳，这样可以实现最大化的简洁，突出空间的简约美。

△ 带花纹的 PVC 扣板

PVC 扣板多用于厨房和卫浴间的顶面装饰中，外观多呈长条状，宽度为 200~450mm 不等，长度一般有 300mm 和 600mm 两种，厚度为 1.2~4mm。

4.2.6 石膏浮雕

石膏浮雕是欧式风格家居空间中极富特色的装饰元素，并且常用于顶面装饰中。石膏浮雕具有造型生动、高雅、立体感强、不老化、不褪色、耐潮、阻燃等特点。在室内空间的顶面用石膏浮雕来装饰，既能丰富顶面空间的层次感，还能营造出欧洲装饰艺术的氛围。此外，石膏浮雕装饰非常耐看，具体可根据房间结构的特点，选用线条花纹与图案花纹拼制成的图案进行装饰。选择石膏浮雕应注意以下几点。

首先，质量较好的石膏浮雕表面细腻，手感光滑，而质量较差的石膏浮雕表面粗糙，摸上去十分毛糙，这类产品大多是用低劣的石膏粉制作的。

其次，看图案的花纹深浅。质量较好的石膏浮雕的图案花纹的凹凸应在 1cm 以上，且制作较为精细，而采用盗版模具生产的石膏浮雕的图案花纹较浅，一般只有 0.5~0.8cm 左右。

最后要看厚薄。质量较好的石膏浮雕摸上去都很厚实，而不合格的石膏浮雕摸上去都很单薄，这样的石膏浮雕不仅使用寿命短，严重的甚至会造成安全隐患。

△ 石膏浮雕

4.3

墙面材料

Interior decoration Design

4.3.1 文化石

文化石给人自然、粗犷的感觉，其的种类很多，可根据空间风格进行搭配。一般乡村风格空间的墙面使用文化石最为合适，色调上可选择红色系、黄色系等，图案则可选择木纹石、乱片石、层岩石等。

文化石的价格多以元 /m² 为单位，进口材料的价格约为国产的 2 倍，色彩及外观的质感相对较好。目前市场上，文化石的价格约为 180~300 元 /m²。

文化石按外观可分成很多种，如砖石、木纹石、鹅卵石、石材碎片、洞石、层岩石等，只要是想得到的石材种类，几乎都有相对应的文化石，甚至还可模仿树木年轮的质感。

△ 文化石铺贴的壁炉

类型		特点	参考价格（元 /m²）
仿砖石		仿砖石的质感和样式可装饰出色彩不一的效果，是一种价格较低的文化石，多用于壁炉或主题墙的装饰中	150~180
城堡石		外形仿照古代城堡外墙的形态和质感，有方形和不规则形两种类型，多为棕色和灰色，颜色深浅不一	160~200
层岩石		仿照岩石石片堆积形成的层片感，是很常见的文化石种类，有灰色、棕色、米白等色彩	140~180
蘑菇石		因凸出的装饰面像蘑菇而得名，也叫馒头石，主要用于室内外墙面、柱面等立面装饰，凸显古朴、厚实风格	220~300

4.3.2 文化砖

文化砖的制作材料主要是水泥，用一些轻集料降低砖的容重，再用增色剂保持文化砖的色彩长期稳定、不褪色。如今的文化砖已不再只是单一的色调，有多种颜色可选择，而且可以根据需求随意搭配，使其装饰效果更具观赏性。虽然文化砖在颜色及外形上不尽相同，但是都能恰到好处地提升空间气质。

文化砖的种类非常多，主要包括仿天然、仿古、仿欧美三大系列，尺寸规格并没有统一标准，根据不同的应用场合会有不同的变化。目前市面上常见的文化砖厚度有 10mm、20mm 和 30mm 三种类型，长宽的规格有 25mm × 25mm、45mm × 45mm、45mm × 95mm、73mm × 73mm 等类型。

在选购文化砖时不仅要看表面纹理，还要看背面的陶粒排列是否均匀，大小均匀更有助于增加产品的黏附力。此外，还要看文化砖的断面是否密致。质量不过关的文化砖的断面通常较粗糙；而质量较好的文化砖的断面较为均匀紧致。文化砖表面一般都是凹凸不平的，劣质的文化砖可能出现掉粉、起皮的现象。高质量的文化砖一般采用进口有机色粉进行饰面，制作工艺更为考究，因此可以避免此类现象发生。

不同种类、不同规格的文化砖的价格各不相同。目前市场上出售的文化砖的价格从每平方米从几十元到几百元不等，主要根据文化砖的规格、厚度以及材质而定。普通的文化砖价格为 50~100 元 /m^2，规格高一些的文化砖价格为 350 元 /m^2 左右。

△ 北欧风格文化砖墙面

△ 美式乡村风文化砖墙面

4.3.3 软包

软包是室内墙面常用的一种装饰材料，其表层材质分为布艺和皮革两种，可根据实际需求进行选择。

皮革软包一般用于床头背景墙，其面料可分为仿皮和真皮两种。仿皮面料最好选择哑光且质地柔软的类型，太过坚硬的仿皮面料容易产生裂纹或者脱皮的现象。除了仿皮，还可以选择真皮面料作为软包饰面。真皮软包具有保暖、结实、使用寿命长等优点，常见的真皮面料按照品质高低可划分为黄牛皮、水牛皮、猪皮、羊皮等几种类型。需要注意的是，真皮有一定的收缩性，做软包墙面的时候需要做二次处理。

布艺软包的内部填充海绵，外面用布包裹，质感比较柔软。在墙面使用布艺软包装饰，不仅能降低室内的噪声，还能为空间增添舒适感。

皮雕软包是用旋转刻刀及印花工具，利用皮革的延展性，运用刻划 、敲击、推拉、挤压等手法在皮革的表面创作皮雕艺术。在室内空间的墙面使用皮雕软包做装饰，不仅可以增强空间的立体层次感，还能为室内营造独特的艺术气息。

△ 布艺软包

△ 皮质软包

△ 皮雕软包

4.3.4 硬包

硬包是指把基层的木工板或高密度纤维板制成所需的造型，再用布艺进行包裹的墙面装饰材料。硬包跟软包的区别就是内部填充材料的厚度不同，一般硬包的填充物较少。此外，硬包还具有超强耐磨、保养方便、防水、隔音、绿色环保等特点。

常见的硬包材质主要有真皮、海绵、绒布等，其中绒布具有清洁方便、价格低、易更换等优点，因此使用较为广泛。硬包的颜色最好能与空间中的其他软装形成呼应，比如沙发、靠包、窗帘等，以营造出协调统一的装饰效果。此外，还可以选择带有一定花纹图案和纹理质感的硬包，使墙面装饰因远近而产生明暗不同的变化，增大视觉空间感，丰富室内的装饰效果。

△ 绒布硬包

△ 浮雕硬包

△ 立体图案的硬包背景

刺绣的针法丰富多彩，各具特色，常见的有齐针、套针、扎针、长短针、打子针、平金、戳纱等。近年来，随着人们对传统文化的重视程度越来越高，刺绣在室内设计中也被更加频繁和广泛地运用。比如，将精美的刺绣硬包装饰到墙面上，让室内空间流露出细腻雅致的文化气息。刺绣硬包在通俗意义上是指利用现代科技和加工工艺，将刺绣工艺结合到硬包产品中，使之成为硬包的表层装饰。

△ 刺绣硬包

采用硬包作为墙面装饰时，要考虑到相邻材质之间的收口问题。收口材料可以根据不同的风格以及自身的喜好进行选择，常见的有石材、不锈钢、画框线、木饰面、挂镜线、木线条等。

4.3.5 墙布

墙布也叫纺织墙纸，主要用丝、羊毛、棉、麻等纤维织成，由于花纹都是平织上去的，给人一种立体的真实感，摸着也很有质感。

选购墙布时，首先应观察其表面的颜色以及图案是否存在色差、模糊等现象。墙布图案的清晰越度高，说明墙布的质量越好。其次看墙布正反两面的织数和细腻度，一般布纹的密度越高，墙布的质量越好。此外，墙布的质量主要与其工艺和韧性有关。因此在选购时，可以用手去感受墙布的手感和韧性，特别是植绒类墙布。通常手感越柔软舒适，墙布的质量越好，柔韧性也越强。墙布的耐磨耐脏性也是选购时不容忽视的一点。在购买时可以用铅笔在墙布上画几笔，然后再用橡皮擦擦，品质较好的墙布，即使表面有凹凸纹理，也很容易擦干净，而劣质的墙布，则很容易被擦破或者擦不干净。

△ 防水、防油、防污、耐磨、环保、护墙且隔音保温是墙布具有的功能属性，相比于其他装饰性材料更显优势和魅力

△ 刺绣墙布

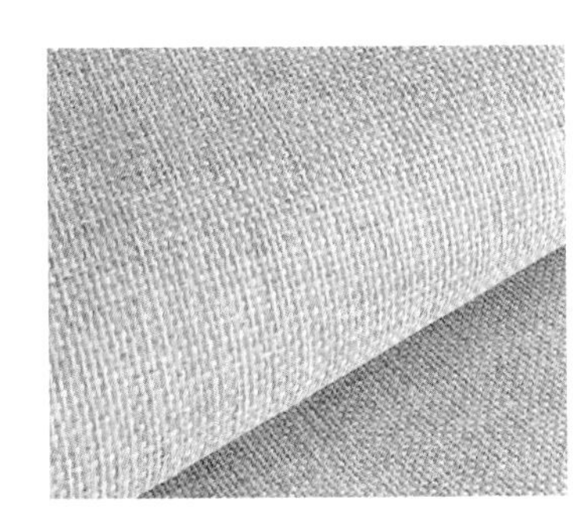

△ 平织墙布

△ 植绒墙布

墙布和墙纸通常都由基层和面层组成，墙纸的基底是纸基，面层有纸面和胶面；墙布则以纱布为基底，面层由 PVC 压花制成。由于墙布是由聚酯纤维合并交织而成的，所以具备很好的固色能力，能长久保持装饰效果。

4.3.6 手绘墙纸

手绘墙纸是指绘制在各类不同材质上的绘画墙纸，也可以理解为绘制在墙纸、墙布、金银箔等各类软材质上的大幅装饰画。可作为手绘墙纸的材质主要有真丝、金箔、银箔、草编、竹质、纯纸等。其绘画风格一般分为工笔、写意、抽象、重彩、水墨等。手绘墙纸颠覆了以往只能在墙面上绘画的概念，而且更富装饰性，能让室内空间呈现出焕然一新的视觉效果。

手绘墙纸有多种风格类型可供选择，如中式手绘墙纸、欧式手绘墙纸和日韩手绘墙纸等。在选择时切记不可喧宾夺主，不宜使用有过多装饰图案或者图案面积很大、色彩过于艳丽的墙纸。选择具有创意图案、风格大方的手绘墙纸，更有利于烘托出静谧、舒适的感觉。

目前市场上的手绘墙纸多以中国传统工笔、水墨画技法为主，制作时需要多名具有扎实绘画功底的手绘工艺美术师，经过选材、染色、上矾、裱装、绘画等数十道工序打造而成。所以手绘墙纸虽然装饰效果不错，但是价格相对较高。其价格根据墙纸用料及工艺复杂程度的不同略有差异，一般为 300~1200 元 /m^2。

△ 多种风格的手绘墙纸

△ 手绘墙纸的图案应与空间的整体风格相呼应

△ 手绘墙纸的精致与逼真程度大多取决于手绘工艺美术师的水平

△ 金箔手绘墙纸

△ 纯纸手绘墙纸

△ 真丝手绘墙纸

△ 银箔手绘墙纸

4.3.7 镜面玻璃

镜面玻璃又称磨光玻璃，是用经过抛光的平板玻璃制成的，分单面磨光和双面磨光两种，表面平整光滑且有光泽。在室内墙面装饰中，镜面材料的运用不仅能扩大空间感，而且能体现出一种具有现代感的装饰美学。

镜面玻璃按颜色又可分为茶镜、灰镜、黑镜、银镜、彩镜等，可根据色卡进行选择。此外，虽然镜面材质很硬，但是可以通过电脑雕刻出各种形状和花纹，因此可以根据自己的需要定制图案。

△ 客厅中安装大块的镜面可增加空间的开阔感，但应事先考虑大尺寸镜面搬运上楼的问题

△ 餐厅运用镜面装饰墙面不仅寓意吉祥，而且是借景入室的一种绝佳设计手法

类型		特点	参考价格（元/m²）
茶镜		给人温暖的感觉，适合搭配木饰面板使用，适用于各种风格的室内空间	约 190~260
灰镜		适合搭配金属使用，即使大面积使用也不会显得过于沉闷，适用于现代风格的室内空间	约 170~210
黑镜		色泽给人以冷酷之感，具有很强的个性，适合局部装饰于现代风格的室内空间	约 180~230
银镜		用无色玻璃和水银镀成的镜子，在室内装饰中最为常见	约 120~150
彩镜		色彩种类多，包括红镜、紫镜、蓝镜、金镜等，反射效果弱，适合局部点缀使用	约 200~280

4.3.8 玻璃砖

玻璃砖是用透明或者有颜色的玻璃压制而成的透明材料，有块状的实心玻璃砖，也有空心盒状的空心玻璃砖。大多数情况下，玻璃砖并不作为饰面材料使用，而是被用作结构材料。在室内空间中将玻璃砖作为隔断，既能起到分隔功能区的作用，还可以增加室内的自然采光，同时也很好地保持了室内空间的完整性，让空间更有层次，视野更为开阔。

△ 利用玻璃砖通透的外观，消除小空间原有的压抑感

玻璃砖以长 19cm、宽 19cm、厚 8cm 的规格最为常见，颜色除了最普遍的无色，还有粉绿、粉蓝、粉红色或增加雾面喷砂处理，造型以斜纹、小方格、水波纹、气泡等比较常见。

选购玻璃砖时，首先可以通过看玻璃砖的色泽判断产地：德国、意大利的玻璃砖细砂成分质量较佳，一般带点淡绿色；印尼、捷克以及大部分国产玻璃则以无色居多，偏向家居玻璃的颜色。其次，选购玻璃砖时要检视透光率，细看玻璃砖的纹路是否细致、有无杂质，尤其不要忽略周边灯光颜色的影响，玻璃砖在黄色灯光和白色灯光下会呈现不一样的色彩。

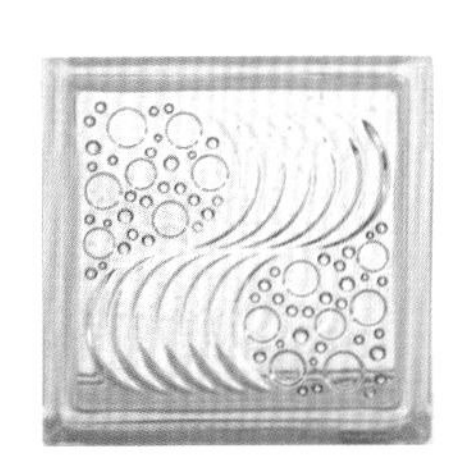

△ 彩色玻璃砖既具有很强的装饰效果，又可以让盥洗台区域的视野更为开阔

4.3.9 大理石

大理石是地壳中的岩石质变形成的石灰岩，其主要成分为碳酸钙，具有使用寿命长、不磁化、不变形、硬度高等优点，因早期我国云南大理地区的大理石质量最好，故得此名。

类型		特点	参考价格（元/m²）
爵士白大理石		颜色具有纯净的质感，带有独特的山水纹路，具有良好的加工性和装饰性能	200~350
黑白根大理石		黑色质地的大理石带有白色的纹路，光泽度好，经久耐用，不易磨损	180~320
啡网纹大理石		分为深色、浅色、金色等几种类型，纹理强烈，具有复古感，价格相对较高	280~360
紫罗红大理石		底色为紫红，夹杂着纯白、翠绿的线条，形似传统国画中的梅枝招展，高雅大方	400~600
大花绿大理石		表面呈深绿色，带有白色条纹，特点是组织细密、坚实、耐风化、色彩鲜明	300~450
黑金花大理石		深啡色底带有金色花朵，有较高的抗压强度和良好的物理性能，易加工	200~430
金线米黄大理石		底色为米黄色，带有自然的金线纹路，时间久了容易变色，通常作为墙面装饰材料	140~300
莎安娜米黄大理石		底色为米黄色，带有白花，不含辐射且色泽艳丽、色彩丰富，被广泛用于室内墙面、地面的装饰中	280~420

4.3.10 艺术涂料

艺术涂料是一种新型的墙面装饰艺术漆，是以各种高品质的具有艺术表现功能的涂料为材料，结合一些特殊工具和施工工艺，制造出各种纹理图案的装饰材料。与传统涂料之间最大的区别在于，艺术涂料的质感肌理表现力更强，可直接涂在墙面，产生粗糙或细腻的立体艺术效果。

艺术涂料根据风格不同可划分为真石漆、板岩漆、墙纸漆、浮雕漆、幻影漆、肌理漆、金属漆、裂纹漆、马来漆、砂岩漆等。艺术涂料上漆基本分为加色和减色两种。加色即上了一种色之后再上另外一种或几种颜色；减色即上了艺术涂料之后，用工具把涂料有意识地去掉一部分，呈现自己想要的效果。

艺术涂料可通过不同的施工工艺和技巧，呈现更为丰富和独特的装饰效果。不仅消除了乳胶漆无层次感的弊端，克服了墙纸易变色、翘边、起泡、有接缝、寿命短的缺点，又有乳胶漆易施工、寿命长、图案精美、装饰效果好等优势。

因为艺术涂料不仅具有传统涂料的保护和装饰作用，而且耐候性和美观性更加优越。所以与传统涂料相比，艺术涂料价格相对较高。目前市场上有质量保证的品牌艺术涂料价格一般在 100~900/m^2。艺术涂料的小样和大面积施工呈现出来的效果不同，建议在大面积施工前，在现场先做出一定面积的样板，再决定是否整体施工。

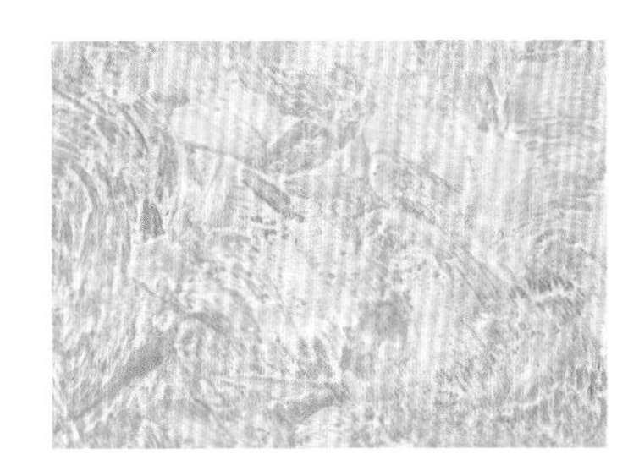

△ 板岩漆

△ 金属漆

△ 砂岩漆

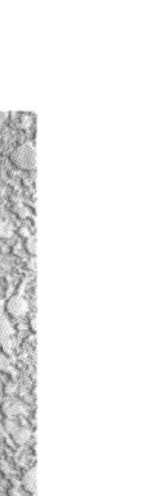

△ 浮雕漆

△ 肌理漆

△ 真石漆

4.3.11 墙绘

墙绘是指用绘制、雕塑或其他造型手段在天然或人工墙面上绘制的画，又称墙画或墙体彩绘。与墙纸相比，墙绘比较随性、富有变化，经过涂鸦和创作可以令原本单调的墙面更具个性化美感。对生活有追求且追求个性的年轻人更喜欢会采用墙绘的方式来装饰墙面。由于墙绘能够带来生动活泼的装饰效果，因此非常适用于儿童房的墙面设计，能完美地营造儿童房天真活泼的空间氛围。

目前常见的墙绘材料有水粉、丙烯、油画颜料。从这三种颜料的性能来看，丙烯颜料最好，最适合用作墙面的绘画颜料，而且无毒、无味、无辐射，十分环保。此外，丙烯颜料不易变色，能让绘画效果保持长久不变。而且干燥后其表面会形成一层胶膜，看起来和塑料差不多，也具有一定的防水、防潮性能。

绘制墙绘前首先要将墙面底色层做好，乳胶漆墙面的底色可以根据选好的图案而定，但最好不要有凹凸不平的小颗粒，以保证墙面的平滑。再用铅笔在墙面上画出底稿，这样能降低失误的概率。

还有一种方法是直接采用幻灯片，将图案投影在墙上，再加上颜色。画完底稿就要配料和上色，配料可根据设计图上的预期色彩来调配，如没有把握可先在纸上进行对比、配色，觉得满意再上色，一般先上浅色再上重色。上色时，为避免弄脏附近地面，可先在墙壁边上铺盖抹布或者报纸等。绘画完毕后要进行成品保护，让房间保持通风，让墙面达到自然干即可。

△ 利用墙绘改变白墙的单调感

△ 利用墙绘装饰门后的死角空间

墙面处理 → 画出底稿 → 配料上色 → 成品保护

4.3.12 护墙板

护墙板主要由墙板、装饰柱、顶角线、踢脚线、腰线几部分组成，具有质轻、耐磨、抗冲击、降噪、施工简单、维护保养方便等优点，而且装饰效果极佳，常用于欧式风格、美式风格等室内空间。在欧洲有着数百年历史的古堡及皇宫中，护墙板随处可见，它是高档装修的必选材料。

护墙板可以做到顶，也可以做半高的高度。半高的高度应根据整个空间的层高比例来决定，一般在1~1.2m左右。如果觉得整面墙满铺护墙板显得压抑，还可以采用实木边框，中间用素色墙纸做装饰，这样既美观又节省成本。除墙纸外，用乳胶漆、镜面、硅藻泥等材质都能达到很好的装饰效果。

如果是成品护墙板，在厂方过来安装之前要在墙面上用木工板或九厘板做好基层造型，然后再把定制的护墙板安装上去，这样不仅能保证墙面的平整性，而且可以让室内空间的联系更为紧密。

△ 整墙板

△ 中空护墙板

△ 半高护墙板

用于制作护墙板的材质很多，其中以密度板、实木以及石材最为常见。此外，还有采用新型材料制作而成的集成墙板。

密度板是以木质纤维或其他植物纤维为原料，在加热、加压的条件下制作而成的板材。由于其结构均匀、材质细密、性能稳定，而且耐冲击、易加工，非常适合作为室内护墙板的材质，但是要选择环保级别较高的板材作为基料进行加工，以确保环保品质。

实木护墙板是近年来使用较多的墙面装饰材料。其具有安装方便、可重复利用、不易变形、寿命长且更环保等优点。实木护墙板的材质选取不同于一般的实木复合板材，常用的板材有美国红橡、樱桃木、花梨木、胡桃木、橡胶木等。由于这些板材往往是从整块木头上直接切割下来的，因此实木的质感非常强，自然的木质纹路也非常精美耐看。

石材护墙板一般用于追求华丽、大气格调的空间墙面上。随着制作工艺的升级，石材护墙板在传统设计的基础上又出现了镶嵌金属条、镶嵌水刀拼花等造型款式。

集成护墙板是一种新型的墙面装饰材料。相较于其他护墙板，集成护墙板的作用更倾向于装饰性。其表面不仅拥有墙纸、涂料所拥有的色彩和图案，还具有极为强烈的立体感，因此装饰效果十分出众。

△　密度板护墙板

△　实木护墙板

△　石材护墙板

△　集成护墙板

4.3.13 马赛克

马赛克的种类十分多样，按照材质、工艺的不同可以将其划分为石材马赛克、陶瓷马赛克、贝壳马赛克、玻璃马赛克、金属马赛克、树脂马赛克等若干不同的种类。马赛克所打造出的丰富的图案不仅能在视觉上带来强烈的冲击，而且能赋予室内墙面全新的立体感。

类型		特点
石材马赛克		将天然石材开介、切割、打磨后手工粘贴而成的马赛克，是最传统的马赛克种类之一。石材马赛克具有纯天然的质感，优美的纹理能为室内空间带来自然、古朴、高雅的装饰效果。根据其处理工艺的不同，石材马赛克有哑光面和亮光面两种表面形态，在规格上有方形、条形、圆角形、圆形和不规则平面等种类
陶瓷马赛克		以陶瓷为材质制作而成的瓷砖。由于其防滑性能优良，因此常用于室内卫浴间、阳台、餐厅的墙面装饰中。此外，有些陶瓷马赛克的表面打磨成不规则形状，呈现被岁月侵蚀的模样，以塑造出历史感和自然感。这类马赛克既保留了陶的质朴厚重，又不乏瓷的细腻润泽
贝壳马赛克		原材料来源于深海或者人工养殖的贝类，市面上常见的一般为人工养殖的贝类做成的马赛克。贝壳马赛克选自贝壳色泽最好的部位，在灯光的照射下，能展现出极好的装饰效果。此外，贝壳马赛克没有辐射污染，并且装修后不会散发异味，因此是装饰室内墙面的理想材料
玻璃马赛克		玻璃马赛克又叫作玻璃锦砖或玻璃纸皮砖，是一种小规格的彩色饰面玻璃。玻璃马赛克一般由天然矿物质和玻璃粉制成，十分环保。而且具有耐酸碱、耐腐蚀、不褪色等特点，非常适合用于卫浴间的墙面。玻璃马赛克的常见规格主要有 20mm × 20mm、30mm × 30mm、40mm × 40mm，其厚度一般在 4~6mm
金属马赛克		由不同金属材料制成的一种特殊马赛克，有光面和哑光面两种。按材质又可分为不锈钢马赛克、铝塑板马赛克、铝合金马赛克。金属马赛克单粒的规格有 20mm × 20mm、25mm × 25mm、30mm × 30mm 等，同一种规格有上百个品种，尺寸、厚度、颜色、板材、样式都可根据需要进行选择
树脂马赛克		一种新型环保的装饰材料，在模仿木纹、金属、布纹、墙纸、皮纹等方面都惟妙惟肖，可以达到以假乱真的效果。此外，形状凹凸有致，能将丰富的图案表现出来，具有其他材料难以达到的艺术效果

马赛克使用的材质不同，其价格差别也非常大。普通的如玻璃马赛克、陶瓷马赛克价格在每平方米几十元不等，但是同样的材质根据纹理、图案设计的差别，价格也有高低差异。而一些高端材质的马赛克，如石材马赛克、贝壳马赛克等的价格一般每平方米高达几百元甚至上千元不等。

空间面积的大小决定着马赛克图案的选择。通常面积较大的空间宜选择色彩跳跃的大型马赛克拼贴图案，而面积较小的空间则应尽可能选择色彩淡雅的马赛克，这样可以避免小空间因出现过多颜色，而给人过于拥挤的视觉感受。

铺贴马赛克有两种方式，一种是胶粘，具有操作便利的优点；另一种是用水泥以及粘黏结铺贴，优点是安装较为牢固，但需要注意选择适当颜色的水泥。

马赛克的材质种类较多，在铺贴前应和专业厂商沟通，使用合适的黏结剂及填缝剂，以免造成施工质量及美观问题。装饰马赛克时要注意有序铺贴，施工时一般从阳角部位往两边展开，这样便于后期裁切，反之，裁切起来会很麻烦。此外，还应注意尺寸的模数，因为马赛克本身属于体块小、不好切割的材质，所以尽量不要出现小于半块的切割现象。

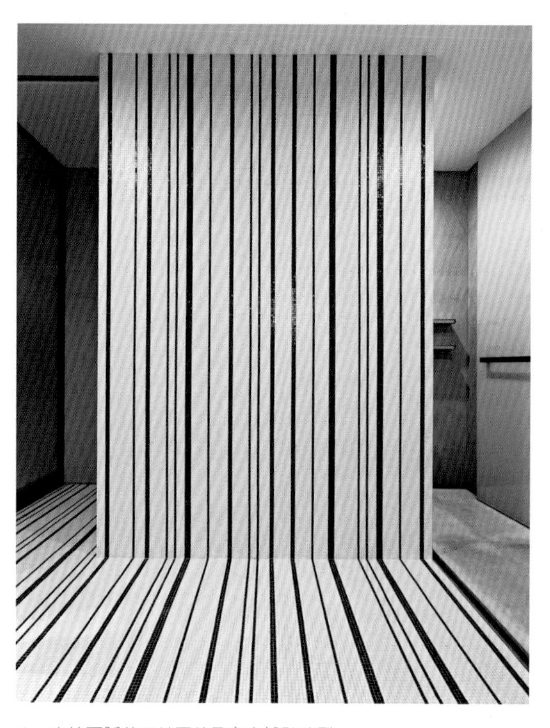

△　由墙面延伸至地面的马赛克铺贴造型

△　马赛克是卫浴间墙面最为常见的装饰材料之一

4.4

地面材料

Interior decoration Design

4.4.1 水泥砖

水泥砖是指以粉煤灰、煤渣、煤矸石、尾矿渣、化工渣或者天然沙、海涂泥等为主要原料，用水泥做凝固剂，不经高温煅烧而制造的一种新型墙体材料。水泥砖属于仿古砖的一种，是真实还原水泥质感的瓷砖，给人一种粗犷、简朴却又不失精致和细腻的感觉。

水泥砖从工艺上看属于釉面砖，从材质上看属于瓷质砖。水泥砖没有使用场所的限制，可以用于室内，也可以用于室外。水泥砖适用于多种风格的空间，如现代、北欧、极简、新中式等风格。无论用于墙面或地面都能够很好地营造空间氛围，搭配设计感十足的家具款式，往往能达到出乎意料的效果。

水泥砖按产品规格分为条形砖、方形砖和多边形砖等，表面有干粒、半抛、柔抛和全抛等处理方式。品质不同，价格自然也不同。优质的水泥砖价格为 200~400 元 /m^2，质量中等的水泥砖价格为 100~200 元 /m^2，普通的水泥砖价格为 40~100 元 /m^2。

△ 水泥砖地面能营造质朴自然的空间氛围

4.4.2 玻化砖

玻化砖是将石英砂、泥按照一定比例烧制而成，然后经打磨，表面如玻璃镜面一样光滑透亮的瓷砖，是所有瓷砖中最硬的一种，它的吸水率、边直度、弯曲强度、耐酸碱性等都优于普通釉面砖、抛光砖及一般的大理石。

玻化砖的出现是为了解决抛光砖的易脏问题，又称全瓷砖。玻化砖的表面光洁，不需要抛光，不存在抛光气孔的问题，所以质地比抛光砖更硬、更耐磨，即使长久使用，表面也不容易出现破损，性能稳定。不同于一般抛光砖的色彩单一、呆板、少变化，玻化砖的色彩艳丽柔和，没有显著色差，不同色彩的粉料自由融合，自然地呈现出丰富的色彩层次。

玻化砖有渗花型砖、微粉砖、多管布料砖、微晶石和防静电砖等类型。相较于大理石、微晶石，玻化砖是普通的瓷砖。玻化砖的综合价格包含材料费和人工费，其中材料费占比较高。根据品牌不同，其价格浮动较大，一般在 100~500 元 /m^2。

△ 黑白色地砖跳格子铺贴的方式富有灵动感

看表面	选购方法
看标志	主要是看玻化砖的表面是否光泽亮丽、有无划痕、色斑、漏抛、漏磨、缺边、缺脚等缺陷
掂手感	同一规格的玻化砖，质量好，密度高的手感比较沉；反之，产品手感较轻
听声音	敲击玻化砖，若声音浑厚，且回音绵长如敲击铜钟之声，则为优等品；若声音混哑，则质量较差
量偏差	如果玻化砖的边长超过偏差的标准，会对装饰效果产生较大的影响。可用一条很细的线拉直沿对角线测量，看是否有偏差
试铺贴	在同一型号且同一色号范围内，随机抽取不同包装箱中的玻化砖在地上试铺，然后站在 3m 之外仔细观察色差与平整度

4.4.3 仿古砖

仿古砖是从彩釉砖演化而来的，实质上是上釉的瓷质砖，与普通的釉面砖的差别主要表现在釉料的色彩上。现代仿古砖属于普通瓷砖，所谓仿古，指的是砖的表面装饰效果。

仿古砖的表面经过打磨，有被岁月侵蚀的模样，呈现出质朴的历史感和自然气息，不仅装饰感强，而且突破了瓷砖脚感不如木地板的刻板印象。仿古砖的外观古朴大方，品种、花色也较多，但每一种仿古砖在造型上的区别不大，因而仿古砖的色彩就成了设计表达中最有影响力的元素。

仿古砖的款式新颖多样，从施釉方式来看，可分为全抛釉与半抛釉两种；鉴于全抛釉仿古砖的光亮程度与耐污性，其更适用于室内家居空间的地面。而呈现哑光光泽的半抛釉仿古砖，用于墙面则装饰效果更为出色。

从表现手法上，可分为单色砖与花砖，单色砖主要由单一颜色组成，而花砖则多以装饰性的手绘图案来表现。单色砖主要用于大面积铺装，而花砖则多作为点缀用于局部装饰。

还可以从砖面的纹理将仿古砖分为仿石材、仿木材、仿金属等特殊肌理的仿制砖。通常，仿木材的仿古砖适合在客厅、卧室大面积铺装，而仿石材的仿古砖则更多地被用于家居地面的局部装饰。

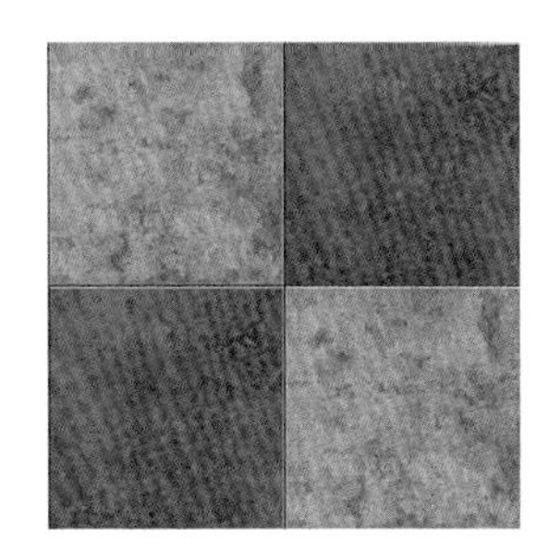

△ 单色仿古砖

△ 仿古花砖

△ 六角仿古砖拼花

△ 半抛釉仿古砖

△ 全抛釉仿古砖

4.4.4 实木地板

实木地板是天然木材经烘干、加工后形成的地面装饰材料，又称原木地板。它呈现出的天然原木纹理和色彩图案，给人以自然、柔和、富有亲和力的感觉。

实木地板的油漆涂装基本保持了木材的本色韵味，色系较为简单，大致可分为红色系、褐色系、黄色系，每个色系又分若干个不同色号，几乎可以与所有常见家具的装饰面板搭配。

实木地板根据木材种类可分为国产木材地板和进口木材地板。国产木材常见的有桦木、水曲柳、柞木、枫木等，进口木材常见的有甘巴豆、印茄木、摘亚木、香脂木豆、蚁木、柚木、李叶苏木、二翅豆、四籽木等。根据表面有无涂饰，又可分为漆饰地板和素板，现在最常见的是 UV 漆漆饰地板。按铺装方式则可分为榫接地板、平接地板、镶嵌地板等，现在最常见的是榫接地板。

不同品牌的实木地板价格各不相同，同一品牌，但是不同规格、材质的地板价格也不一样。特别是原木木材树种对价格影响较大，如橡木地板的价格一般高于桦木地板。

△ 实木地板把中式风格古香古色的特征演绎得淋漓尽致

△ 带有节疤的实木地板更能体现乡村风格空间的生态美

类型		特点
枫木		显示出一种淡淡的木质颜色，给人清爽、简洁的感觉；纹理交错，结构细而均匀，质轻而较硬
橡木		具有自然的纹理和良好的触感，而且橡木地板质地坚硬、细密，其防水性和耐磨性较高
柚木		纹理表现为优美的墨线和斑斓的油影，表面含有很重的油脂，这层油脂使地板具有很好的稳定性，防磨、防腐、防虫蛀
重蚁木		世界上质地最密实的硬木之一，硬度是杉木的三倍。光泽强，纹理交错，具有深浅相间的条纹，艺术感强
花梨木		花梨木地板具有清晰的纹理，因其质地坚实牢固，使用年限长，但因为原料稀少，所以价格较贵
黑胡桃木		木纹美观大方，黑中带紫，典雅高贵。木纹比较深，要求透明底漆的填充性好、封闭性强
香脂木豆		最大的特点是带有天然的香味，纹理非常美观，在横纹、竖纹之中带着斑斑点点，仿佛一幅后现代派的油画大作

4.4.5 实木复合地板

实木复合地板是由不同树种的板材交错层压而成的，一定程度上克服了实木地板湿胀干缩的缺点，具有较好的稳定性，且保留了实木地板的自然木纹和舒适的脚感。

实木复合地板按面层材料可分为实木拼板作为面层的实木复合地板和单板作为面层的实木复合地板；按结构可分为三层结构的实木复合地板和以胶合板为基材的多层实木复合地板；按表面有无涂饰可分为涂饰实木复合地板和未涂饰实木复合地板；按地板漆面工艺可分为表层原木皮实木复合地板和印花实木复合地板。

实木复合地板纹理多样，色彩缤纷，应根据具体装饰面积的大小进行选择。例如，面积大或采光好的房间，用深色实木复合地板，会使房间显得紧凑；面积小的房间，用浅色实木复合地板，能给人以开阔感，使房间显得明亮。

△ 满铺实木复合地板给北欧空间带来放松、舒适的感觉

△ 面积小的房间用浅色实木复合地板给人以开阔感

△ 与木质沙发背景形成一体的实木复合地板地面

△ 相较于实木地板，实木复合地板更节省费用和安装时间

4.4.6 强化复合地板

强化复合地板主要是由耐磨层、装饰层和高密度的基材层、平衡防潮层所组成的地板类型。和传统的木地板相比较，强化复合地板的表面为耐磨层，所以具有较好的耐磨、抗压和抗冲击力、防火阻燃、抗化学物品污染的性能等。强化复合地板的装饰层是由电脑模仿的，可以制作出各种类型的木材花纹，甚至还可以模仿自然界所没有的独特的图案。此外，强化复合地板的安装也较为简单，因为它的四周设有榫槽，因此在安装时，只需要将榫槽契合就可以了。

△ 强化复合地板的装饰层可以制作出各种类型的木材花纹

强化复合地板虽然有防潮层，但不宜用于浴室等潮湿的空间。有些空间为了追求装饰效果的精美，会将地面设计成拼花的样式，强化复合地板具有多种拼花样式，可以满足多种设计要求。如常见的 V 字形拼花木地板、方形拼花木地板等。

类型		特点	参考价格（元/m²）
平面强化复合地板		最常见的强化复合地板，表面平整无凹凸，有多种纹理可供选择	55~130
浮雕强化复合地板		地板的纹理清晰，凹凸质感强烈，与实木地板相比，纹理更有规律	80~180
拼花强化复合地板		有多种拼花样式，装饰效果精美，抗刮划性强	120~130
布纹强化复合地板		地板的纹理像布艺纹理一样，是一种新兴的地板，具有较高的观赏性	80~165

4.4.7 拼花木地板

拼花木地板是采用同一树种的多块木材，按照一定图案拼接而成的地板。其图案丰富多样，并且具有一定的艺术性或规律性，有的图案甚至需要几十种不同的木材进行拼接，制作工艺十分复杂。拼花木地板的板材多选用水曲柳、核桃木、榆木、槐木、枫木、柚木、黑胡桃等质地优良、不易腐朽开裂的硬杂木材，具有易清洁、经久耐用、无毒、无味、防静电、价格适中等特点。

△ 拼花木地板的图案通常具有一定的艺术性或规律性

根据结构不同，拼花木地板可以分为实木拼花地板、复合拼花地板、多层实木拼花地板等；按表面工艺的差异则可分为曲线拼花木地板、直线拼花木地板、镶嵌式拼花木地板等。极具装饰感的拼花木地板摆脱了以往木地板给人呆板的印象。因拼装地板的外形富有艺术感，而且可以根据需求设计图案，颇有个性，因此非常适用于追求装饰效果的家居空间中。

类型		特点
直线拼花木地板		直线拼花木地板是用剪裁好的木片直接拼接造型，利用不同木材的颜色、纹路拼出多种造型，具有精致多彩的装饰效果。直线拼花木地板适合在面积较大的空间中使用
曲线拼花木地板		曲线拼花是采用电脑雕刻技术，预先在电脑中设计出拼花造型，再用电脑雕刻出精细花纹的地板。曲线拼花造型复杂，美丽多变，非常适合铺设在室内小面积的空间，而且可搭配常规地板使用，显得雍容典雅，华贵大方
镶嵌式拼花木地板		镶嵌式拼花木地板由不同材质、不同颜色的木皮，按照一定的图案拼接而成。这些图案风格各异，或对称，或抽象，立体感十足。镶嵌式拼花木地板以精致的外表、细腻的表达方式，以及独特的装饰效果大大提高了家居空间的设计品位

4.4.8 踢脚线

踢脚线作为家居装饰中的一个小项目，往往容易被忽略。事实上，安装踢脚线一方面可以让墙面与地面有一个很好的衔接保护层，把两者结合起来，减少打扫时造成的污染；另一方面，墙面和地面处于不同的立面，可以借踢脚线强化两者的区别，起到美化效果，不管明踢脚线还是暗踢脚线，都有利于墙面与地面的线性化处理。

不同材质和造型的踢脚线对室内空间起到的装饰作用各不相同，目前最常见的踢脚线按材质主要分为木质踢脚线、PVC 踢脚线、不锈钢踢脚线、铝合金踢脚线、陶瓷或石材踢脚线等。

类型		特点
木质踢脚线		分为实木和密度板两种，表面看起来都是木质外观，视觉感受比较柔和。实木的木纹自然，密度板是仿木纹表面，与实木有一定的差距。安装时，可能木材的表面会有修补痕迹，并且要注意气候变化导致日后出现起拱的现象
PVC 踢脚线		木质踢脚线的替代品，外观、颜色多变，有仿木纹、仿大理石以及仿金属拉丝等类型。虽然价格便宜，但贴皮层可能脱落，而且视觉效果也比木质踢脚线差很多。PVC 踢脚线安装时要先将底座固定到墙上，然后将踢脚线直接扣在底座上
金属踢脚线		分为不锈钢和铝合金两种。早期以金属光泽居多，但现在很多铝合金踢脚线有了更多的变化，例如木纹、拉丝等，给人的视觉冲击相对缓和了许多。金属类踢脚线的工艺较为复杂，优点是经久耐用，几乎没有任何维护的麻烦，一般适合用于一些现代风格的装修中。
石材踢脚线		很多人选择用瓷砖作踢脚线，直接粘到墙上，这是一种经济实惠的选择，另一类石材踢脚线是人造大理石，它的色彩丰富，造型多变，而且比较耐磨。石材踢脚线给人比较硬朗的视觉感受，容易粘贴

4.5

厨卫设备

Interior decoration Design

4.5.1 整体橱柜

1. 橱柜门板

门板作为橱柜的门面，是橱柜整体风格和外观最直观的影响因素，而且门板也是生活中与人体接触最多的橱柜部件之一。在选择橱柜的门板时，应在清理难度、抗变形性、防潮、防水、表面耐磨性及是否环保等方面多做比较，再选择自己喜爱及符合家居风格的款式。

△ 吸塑门板具有易擦洗、表面光泽均匀、观感舒适的特点

△ 烤漆门板的表面光滑度比较高，而且具有一定的视觉冲击效果

材质类型	材质特点	优点分析	缺点分析
吸塑门板	吸塑门板的基材为密度板，表面采用真空吸塑而成或采用一次无缝 PVC 膜压成型工艺，是最成熟的橱柜材料，而且日常维护简单	a. 吸塑门板的颜色及纹理比较丰富，可选择的余地比较大，基本上可以满足不同业主对色彩的要求 b. 因为高密度纤维板的可塑造性，吸塑门板的表面可做成各种立体造型，能够满足不同业主对风格的不同需求 c. 由于吸塑门板经过吸塑模压后能将门板四边封住成为一体，不需要再封边，解决了有些板材封边易开胶和易受潮等问题	a. 因为制作工艺是热压覆，所以不可避免地会出现热胀冷缩的情况。吸塑板在冷却后会产生不同程度的内凹 b. 吸塑门板的工艺如果把握不好的话，会降低质感

材质类型	材质特点	优点分析	缺点分析
亚克力门板	100%纯亚克力是继陶瓷之后家居建材领域内最好的新型材料，用其制成的橱柜门板不仅款式精美，经久耐用且环保性能良好	a. 表面光滑，耐磕碰，易打理，不沾油污，表面有2mm厚的亚克力板，耐冲击，抗氧化，阻燃，耐变形 b. 绝缘性能优良 c. 自重轻，比普通玻璃轻一半，建筑物及支架承受的负荷小	a. 亚克力的硬度稍显不足，接触到坚硬的东西容易产生划痕 b. 虽然颜色非常多，但是门板不能做造型
三聚氰胺门板	将带有不同颜色或纹理的纸放入三聚氰胺树脂胶粘剂中浸泡，待干燥到一定固化程度，将其铺装在刨花板、中密度纤维板或硬质纤维板表面，经热压而成	a. 表面纹饰清晰，色牢度好，颜色逼真，亮丽平滑，稳定 b. 耐磨、耐划，能减少因不慎磕碰而出现剐损的情况 c. 耐高温、耐腐蚀，可抵御一些厨房洗涤剂的侵蚀	a. 颜色只有亚光，没有亮光，可供挑选的颜色不多，可塑性不强，不能随意造型 b. 不显档次，封边易崩边，胶水痕迹较明显，色彩较少
实木门板	分为实木复合门板和纯实木门板。纯实木门板是指边框和门芯板均为实木；实木复合门板的门芯为中密度板贴实木皮，制作时在实木表面做凹凸造型，外喷漆	a. 实木门板采用天然木材，十分环保，不含任何有害添加物和甲醛气体，对人体和环境没有任何危害 b. 实木门板的材质全为纯实木，这种板材的橱柜质量有保障，还能隔热保温，吸音隔音	a. 实木门板由于原料价高，工艺复杂，所以价格昂贵 b. 实木门板由于是实木制造，保养起来比较麻烦，不易清洁，且具有一定的助燃性。 c. 易受温度及湿度的影响而变形，如果处在潮湿的环境，也会长出青苔等
烤漆门板	烤漆板是木工材料的一种。它是以中密度板为基材，表面经过六至九次打磨，上底漆、烘干、抛光高温烤制而成的	a. 色彩艳丽，造型美观，外表如镜面光亮，显得贵气十足，门板可做造型，具有很好的视觉冲击效果 b. 其防水、防滑性能很好，抗污能力很强，也比较容易清洗	a. 使用时要精心呵护，怕磕碰和划痕，一旦出现损坏就很难修补，需要整体更换 b. 时间久了容易褪色，阳光、灯光、油烟等外界条件会令其变色，产生色差

2. 橱柜台面

用于橱柜台面的材质很多，其中石材是比较常见的。像大理石、石英石等石材不仅具备一定的纹理表现，而且防水、防火，还有抗污、易清洁等性能。实木台面的颜值很高，但是最好选择生长较慢的木头，其密度高，但价格会比较高。如果是简约风、工业风的空间，不锈钢台面是不错的选择。

材质类型	材质特点	优点分析	缺点分析
天然石台面	天然石材经过风雨的磨砺，有着独特的自然纹理以及坚硬的质地，主要有花岗岩和大理石两种类型	a. 密度相对比较大，硬度较高 b. 耐高温，防刮伤性能十分突出，耐磨性能良好 c. 造价比较低，属于经济型台面材料	a. 长度受到限制，通常会以拼接的形式构成台面，但这样就会出现拼接处不美观的情况，达不到浑然一体的效果 b. 硬度够，但强度和刚度不够，如果受到重击或者温度急剧变化，会产生裂缝 c. 有细孔或者隙缝，容易嵌入脏东西，从而成为细菌滋生的温床
人造石台面	目前使用较多的橱柜台面材料，是将无机矿物材料及部分辅料加有机黏合剂混合后进行搅拌、定型、干燥、切割、抛光而成的	a. 具有耐酸、耐磨、耐高温三个特点 b. 不易显脏，表面不存在细孔，不易滋生细菌，也不会渗透水渍等 c. 可以进行无缝黏结 d. 表面可以进行划痕处理，更美观	a. 高温物体不能直接或长时间搁放在人造石台面上，否则容易造成损坏 b. 硬度不强，不容易加工，台面的造型比较单一
防火板台面	基材是密度板，表层是防火材料和装饰贴面，价格较之实木台面实惠不少，花色品种繁多	a. 表面具有光泽性、透明性，能很好地还原色彩、花纹等，不像其他台面那样单调，色彩匹配度比较高 b. 质轻 、强度高、延展性好、抗震能力强 c. 不易变形，色彩可长时间保持，弹性好，不易产生裂痕	a. 耐火板不宜弯曲，在制作台面或者造型时要有所考量，要提前测量所需要的防火板的长度 b. 怕潮湿，易被水侵蚀，使用不当会导致脱胶、变形、基材膨胀的严重后果

续表

材质类型	材质特点	优点分析	缺点分析
不锈钢台面	不锈钢台面光洁明亮，各项性能较为优秀。其工艺一般是在高密度防火板表面再加一层不锈钢板。比较坚固，易于清洗	a. 材质坚实，不易受高温影响 b. 不渗漏，容易清洁 c. 不易开裂，使用寿命长	a. 视觉观感冰冷 b. 表面易产生划痕，无法修复，痕迹会一直留在台面上，影响美观
实木台面	实木台面纹路自然、高档美观，给人一种回归大自然的感觉。目前常见的是白橡拼板 + 木蜡油或水性油漆	a. 实木的自然属性决定了实木台面的质地温暖、美观且品质高 b. 属于百搭的台面材料，适合多种风格的空间	a. 实木台面的耐磨性与耐划性都不如石材 b. 对环境要求非常高，如果湿度和温度变化异常，就容易出现干裂现象

4.5.2 地漏

普通的地漏一般包括地漏体和漂浮盖。地漏体是指地漏形成水封的部件，主要部分是储水湾。由于目前许多地漏防异味主要是靠水封实现，所以该构造的深浅、设计是否合理决定了地漏排污能力和防异味能力的强弱。漂浮盖有水时可随水在地漏体内上下浮动，许多漂浮盖下连接着钟罩盖，无水或水少时将下水管盖死，防止异味从下水管传到室内。

△ 不锈钢地漏

地漏一般分为铜地漏、锌合金地漏、不锈钢地漏。铜分为两种，一种是镀铬铜，另一种是原铜色。铜质的建议选购镀铬地漏，耐腐蚀和耐氧化性能好一些，另外，由于铜遇强酸会产生铜绿反应，选择镀铬地漏能减少这种情况的发生。不锈钢材质的建议选择 304 不锈钢，不易生锈，耐腐蚀性能更好，但如果是海边地区，则不建议使用。仿古铜的在外观上比较好看，价格较贵，虽然性价比不高，但是因为具有一定的装饰性，也会赢得一部分业主的喜爱。比较高端的仿古铜，一般是黑镍的或者棕色的。

△ 铜地漏

在选择地漏时还应考虑使用的地点。如果是淋浴间使用的地漏，那么一定要选用排水量大的；如果是洗衣机使用的地漏，那么最好能在出水口安装缓冲器，让瞬间水压变小一些，最后选用洗衣机专用地漏。

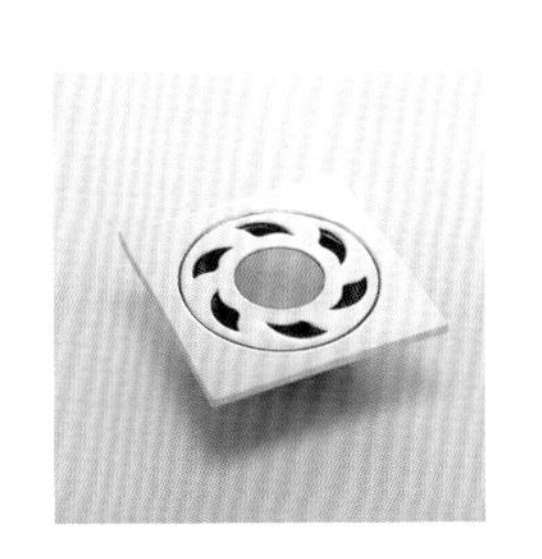

△ 锌合金地漏

4.5.3 水槽

一般来说，确定材质是选择水槽的第一步。目前，不锈钢是国内主流的水槽材质，其次是人造石，比如石英石、花岗石，此外还有陶瓷材质的水槽。

材质类型	材质特点	优缺点分析
不锈钢水槽	不锈钢是目前最主流的水槽材质，根据表面工艺的不同，有珍珠银、磨砂拉丝、丝光、抛光等多种选择	优点：自重轻，易于安装，耐磨、耐高温、耐潮湿；不吸油和水，不易藏垢且不易腐蚀，不产生异味。可以加工成各种形状。 缺点：长期刮擦容易在表面留下划痕。此外，不锈钢水槽在平时使用中还容易产生噪声
人造石水槽	人造石是人工复合材料的一种，由 80% 的纯正花岗岩粉与 20% 的烯酸经过高温加工而成。可分为人造石英石和花岗石两种。比常见的不锈钢水槽价格高	优点牢固、色彩丰富、清洁简单、耐高温、耐冲击、防噪声、可塑性强 缺点：容易被锋利的硬物划伤表面和破坏光洁度，而且它的使用寿命一般短于不锈钢水槽
陶瓷水槽	陶瓷水槽一般都是一体成型烧制而成的。可以采用整体嵌入的方式，虽然比石材质轻，但是比不锈钢质重，选择的时候要考虑橱柜的承重能力	优点：易清洁、耐老化、耐高温，并且可以长期保持光洁如新的表面，污迹不易黏结 缺点：过于笨重，承受不了重物硬碰，并且与硬物刮擦容易损伤表面，如果水渗入陶瓷内部，也容易造成膨胀变形

水槽作为一种立体式厨房用品，各种尺寸需要牢记于心。水槽的横向长度与水槽中盆的数量和造型等有关，盆多或者带翼，都会增加水槽的长度。一般来说，单盆在 430mm 左右，双盆在 800mm 左右，三盆一般都在 1000mm 左右。实际横向长度需根据水槽设计来定，这只是个参考尺寸。

纵向长度取决于橱柜台面的纵长，买水槽之前要先量好台面纵长。一般来说，水槽纵长小于台面纵长 120mm 左右是最合适的尺寸。水槽与台面边缘距离太远，既不美观，操作也不方便；太近的话，当水池满载时，边缘有断裂的风险。

至于水槽深度，因为国内一般使用的餐具是比碟盘之类更厚的碗具，所以水槽深度会比欧美的略深一点。180~200mm 的深度是最为合适的，容量大且可有效防水外溅。但水槽并非越深越好，从实用角度出发，深度过大并不便于操作。

△ 水槽深为 180~200mm 最为合适

4.5.4 水龙头

水龙头是水阀的通俗称谓，用于控制水管出水开关和水流量的大小，有节水的功能。水龙头最早出现于 16 世纪，用青铜浇铸，其更新换代速度非常快：从老式铸铁工艺发展到电镀旋钮式，再发展到不锈钢单温单控水龙头、不锈钢双温双控龙头、厨房半自动龙头等。

材质类型		材质特点
铜质水龙头		铜是水龙头常用的材料，耐用、抗氧化、对水有杀菌作用，不过铜质水龙头含铅，其是一种有害健康的金属，所以铜质水龙头对含铅量是有严格标准的
不锈钢水龙头		不锈钢分为 201 和 304 两种型号，家居装修最好选择 304 不锈钢水龙头，它不生锈、不含铅，不会对水源产生二次污染。但是因为 304 不锈钢的制作加工难度较大，所以价格也相对更高
陶瓷龙头		陶瓷水龙头具有不生锈，不氧化、不易磨损的优点。陶瓷水龙头的外观美观大方，因为外壳也是陶瓷制品，所以更能与卫浴产品相搭配。

水龙头的手柄主要分为螺旋式、单柄、双柄、带 90° 开关四种。螺旋式水龙头手柄具有出水量大、价格实惠、维修简单的特点；单柄水龙头操作简便，结构简单。因为单柄水龙头在开启和关闭的瞬间，水压会迅速升高，所以要选择铜含量高的；双柄水龙头适用于更多的场合，像台下盆龙头、按摩浴缸的缸边龙头等，同时双柄水龙头在调节水温方面更加精准和细腻，适合对温度敏感的人；带 90° 开关水龙头在启动和关闭时旋转手柄 90° 即可，分冷热水两边进行调节，其特点是开启方便，款式也比较多。

最好选购拥有起泡器的水龙头。因为起泡器具有防止溅水、节水及水质过滤作用，选购时可以打开水龙头，如果水流柔和且发泡（水流气泡含量）丰富，说明起泡器质量较好。

影响水龙头质量最关键的就是阀芯。常见的阀芯有三种：陶瓷片阀芯、不锈钢球和轴滚式阀芯。其中，陶瓷片阀芯耐磨性好、密封性能好，被广泛应用。

水龙头的电镀不仅影响一款水龙头的美观，也直接决定了水龙头防蚀、防锈性能。目前，水龙头电镀厚度的国际标准是 8mm，最厚可达 12mm。质量好的水龙头一般采用在精铜本体上镀半光镍、光亮镍和铬层三层电镀。

△ 水龙头要注意表面的光泽度，手摸时无毛刺、无气孔、无氧化斑点等为优质

在选购水龙头时，很多商家会配进水软管。首先要量一下家里角阀到水龙头安装孔的距离，确定软管长度。其次要检查软管的质量，把软弯曲打一个结，或者折几个地方，软管如果反弹得好且没有损伤，就是质量比较好的。如果被折过后不能反弹，像断了一样，那么软管的质量较差。

4.5.5 浴缸

在选择浴缸的时候，首先要考虑的是品牌和材质，这通常是由购买的预算来决定的；其次是浴缸的尺寸、形状和龙头孔的位置，这些要素是由浴室的布局和客观尺寸决定的；最后还要根据自己的喜好选择浴缸的款式。

浴缸种类繁多，在用料和制作工艺上各不相同，材料主要以亚克力、钢板、铸铁为主流，其中，铸铁档次最高，亚克力和钢板次之，陶瓷作为过去浴缸的绝对主流，现在市场上几乎看不到了。

材质类型		材质特点
亚克力浴缸		成本相对较低，造型多，重量轻，表面光滑，家里有老人、小孩最好搭配防滑垫使用；耐压差、不耐磨、表面容易老化
铸铁浴缸		铸铁浴缸表面覆着搪瓷面，使用的时候噪声小，耐用，方便清洁；缺点是重量大，运输成本高
实木浴缸		就是平时常见的实木泡澡桶，大多用橡木制成，高档一些的用柏木。保温较好，但价格稍高，如果养护不当，容易漏水或变形
钢板浴缸		使用寿命比较长，价格在三千元左右，是传统型浴缸。性价比较高
按摩浴缸		水流可从不同角度喷射，力度和方位不同，水流按摩效果也不同。价格较高，基础价格在 1 万元左右

浴缸的大小要根据浴室的尺寸来确定。如果把浴缸安装在角落里，通常三角形浴缸要比长方形浴缸多占空间。如果浴缸上还要加淋浴喷头，浴缸要选择稍宽一点的。淋浴喷头下方的浴缸部分要平整，且应做防滑处理。尺码相同的浴缸，其深度、宽度、长度和轮廓也不一样。如果希望水深一点，溢水出口的位置要高一些。否则，水位一旦超过了溢水口高度，就会向外流，使浴缸的水深很难达到要求的深度。

4.5.6 淋浴房

淋浴房可以分为一字形淋浴房、方形淋浴房、钻石形淋浴房、弧形淋浴房等。一字形淋浴房通常是把一整面墙的空间作为淋浴区，内部空间充足。方形、钻石形、弧形淋浴房通常是将一个墙体角落作为淋浴区，空间可大可小。尤其弧形淋浴房最适合小户型卫浴间，但是做工相对复杂，用到的玻璃、五金件也较多，成本相对较高。但不管哪种类型的淋浴房，宽度至少 900mm，这样使用起来才不会拥挤。

△ 弧形淋浴房

△ 一字形淋浴房

△ 钻石形淋浴房

△ 方形淋浴房

细节	选购方法
玻璃	淋浴房要选择 3C 认证标志的钢化玻璃，抗冲击力强，不易破碎。考虑到爆裂的危险，可以在淋浴房的玻璃上加一层防爆膜，这样膜可以把碎玻璃粘住，不会割伤人。常见的淋浴房玻璃厚度有 6mm、8mm、10mm 三种，造型不一样，需要的厚度也不同。弧形淋浴房选择 6mm 的厚度即可，方形淋浴房、钻石形淋浴房、一字形淋浴房可以选择 8mm 或 10mm 厚的玻璃
五金件	淋浴房的五金主要有滑轮、铰链、合页，五金滑动、开关。质量不好的五金件推拉费劲，牢固性差
门吸胶条	门吸胶条是为了防止玻璃碰撞自爆，同时也是为了避免淋浴时水漏到干区。建议选择 PVC/EVA 胶条，其密封性强、防水性能好
挡水条	主要功能是防止地面上的水流到干区。常见材质有人造石和塑钢石，安装方式分为预埋式和地上式，其中，地上式更换比较方便

4.5.7 洗脸盆

材质类型		材质特点
玻璃洗脸盆		玻璃材质的洗脸盆呈现出一种亮晶晶的质感，再加上独特的纹理，不仅能产生夺人眼球的光影效果，还能给人一种高级感，缺点是易碎，而且不耐高温
大理石洗脸盆		大理石是天然材质的代表，但是天然石材的洗脸盆会渗水，这样污迹就很容易随着水分渗透到石材内部，使用体验不是很好
陶瓷洗脸盆		陶瓷材质的洗脸盆在市场上的占有率超过 80%，优点就是易清理、抗磨损和比较耐用，同时款式也较为丰富。不足之处是容易爆裂或者产生挂脏现象
不锈钢洗脸盆		不锈钢洗脸盆比较有现代时尚感，清洗起来也比较容易。不过，由于制造洗脸盆的钢材通常会经过磨砂和电镀等工艺，所以它的售价普遍偏高。综合而言，不锈钢洗脸盆的性价比较低，很容易被刮花

从安装方式上可分为台式洗脸盆、立柱式洗脸盆和壁挂式洗脸盆。台式洗脸盆又分为台上盆和台下盆两种。台下盆是洗手盆中最常见的形式之一，可防止洗漱时水花肆意外溅，所以它的水槽嵌在台面之下。台上盆的盆体置于台面上方，样式特别多，造型也比较多。如果是小户型，想让卫浴间显得更加大气，可选择台上盆。柱式洗面盆非常适用于空间不足的卫浴间，其立柱具有较好的承托力，安装在卫浴间可以起到很好的装饰效果。壁挂式洗面盆，就是悬挂安装在卫浴间墙面上的洗脸盆，非常节省空间。

如果从美观性和使用安全性考虑，台式洗脸盆的台面长度至少大于 75cm，宽度则要大于 50cm。如果选择挂盆的话，就需要检测墙体是否是承重墙，并且墙体的厚度必须超过 10cm。

4.5.8 坐便器

坐便器的重量原则是越重越好，一般来说，坐便器重量在 25kg 左右。同样大小的坐便器，质量越好，密度就越大，也就越重。

坐便器口径的大小十分重要，关系着排水、排便能否通畅。坐便器有大口径排污管道且内表面施釉的，不容易挂脏，排污迅速有力，可有效地预防堵塞。一般来说，口径以能容纳一个成年男人的手掌大小为最佳。

坐便器的冲水方式分为直冲式、虹吸式、喷射式虹吸、旋涡式虹吸等。要注意选择适合的冲水方式，需要考虑到噪声、清洁程度、节水量等方面。

类型		特点
壁挂坐便器		挂在墙上，底部是不落地的。优点是美观，并且坐便器下方容易清洁。缺点是墙里要嵌入水箱，需要一面 12cm 左右厚度的矮墙，会占用很多空间
分体式坐便器		水箱和坐便器是分开浇注的，浇注完后再进行组装。由于浇注难度低，所以成本会很低，同时质量也更可靠
连体坐便器		水箱和坐便器是一体浇注的，难度高，但是外观更好看，因此价格会更高一点
隐藏式水箱坐便器		把水箱做得小一点，和坐便器一体化，隐藏在里面。这种坐便器比较好看，但是冲水效果没有大水箱好
无水箱坐便器		绝大多数是智能一体化坐便器，没有水箱，只能用基础水压去冲洗坐便器，需要使用电能

4.5.9 浴室柜

从安装形式来说，浴室柜主要有落地式和挂墙式两种。落地式适用于干湿分离、空间较大的卫浴间；挂墙式节省空间、易于打理，便于清除卫生死角，但要求墙体是承重墙或者实心砖墙。

此外，还要根据卫浴间面积的不同，选购规格大小适宜、性价比高的浴室柜。如果卫浴间的空间较小，可以选择储藏空间大、收纳功能齐全的浴室柜，如与镜面结合的单柜、橱柜等，这样既不影响原有空间，又能充分利用空间。

浴室柜的台面是接触外界和受磨损最多的地方，因此浴室柜台面一定要选择质地坚硬、不容易损坏的材质。钢化玻璃、大理石、人造大理石等都是不错的选择。

从材质来看，浴室柜分为实木浴室柜、PVC 浴室柜、不锈钢浴室柜、亚克力浴室柜等。目前市面上热卖的主要是 PVC 浴室柜和实木浴室柜。

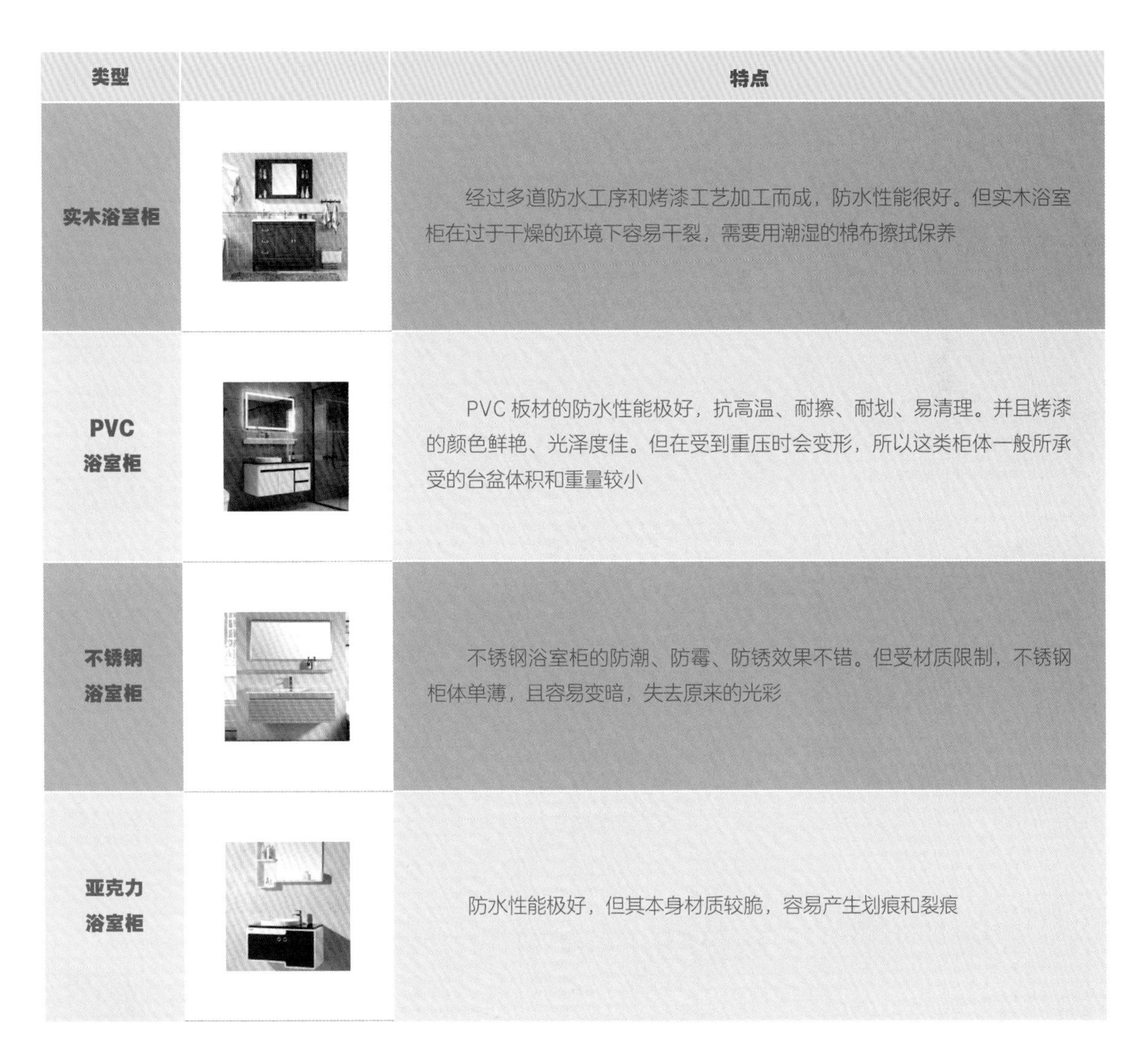

类型		特点
实木浴室柜		经过多道防水工序和烤漆工艺加工而成，防水性能很好。但实木浴室柜在过于干燥的环境下容易干裂，需要用潮湿的棉布擦拭保养
PVC 浴室柜		PVC 板材的防水性能极好，抗高温、耐擦、耐划、易清理。并且烤漆的颜色鲜艳、光泽度佳。但在受到重压时会变形，所以这类柜体一般所承受的台盆体积和重量较小
不锈钢浴室柜		不锈钢浴室柜的防潮、防霉、防锈效果不错。但受材质限制，不锈钢柜体单薄，且容易变暗，失去原来的光彩
亚克力浴室柜		防水性能极好，但其本身材质较脆，容易产生划痕和裂痕

Interior decoration

Design

第 5 章

家居装修空间色彩搭配

5.1

空间色彩搭配原则

Interior decoration Design

5.1.1 空间色彩比例分配

想做好家居空间色彩的调配，不光要了解哪些颜色适合搭配在一起，还要知道哪个颜色该占多大面积，也就是色彩的比例分配。以黑白两色的搭配为例，在白色的衣服上搭配黑色的小物件，和在黑色衣服上搭配白色的小物件相比，呈现给人的感觉是完全不同的。在家居空间中，色彩占比不同，也会给人不同的感觉。

色彩在室内装饰中应把握三方面的要素：首先是基础色，主要是家居空间的几大界面——墙面、顶面、地面与门窗等大面积的色彩；其次是主体色，指那些可移动的家具和陈设部分的中等面积的色彩组成部分，这些是真正体现色彩效果的部分，在整个家居空间中起到非常重要的作用；最后就是强调色，指空间中最醒目、最易于变化的小面积色彩，如壁饰、摆件、抱枕、花艺、灯具等小物件的色彩。

△ 设计色彩和谐比例的第一步是选择主色调，然后围绕它制订其他配色方案

搭配软装时，首先要将想使用的颜色划分为基础色、主体色与强调色三个部分，然后把配比设定为 70%、25% 与 5%。根据所选颜色的比例，就能够了解想要将房间营造出怎样的氛围了。有比例地进行调配，还能将浓重的颜色自然地与其他颜色协调，使装修效果更稳定，最终打造色彩平衡的房间。

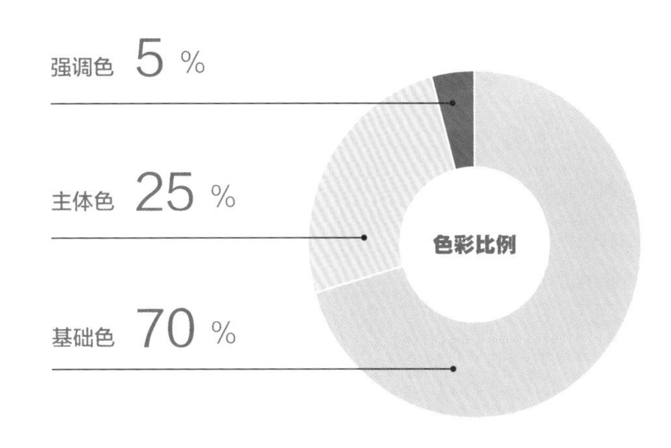

◎ 基础色营造室内氛围

基础色一般在地面、墙面、吊顶等面积大的地方使用，占据整体配色的 70%，能够决定房间风格走向。

◎ 强调色起到点缀作用

强调色占整体配色的 5%，可以在抱枕、插花与灯罩等处使用。为了起到点缀空间的作用，推荐使用鲜亮、能吸引人眼球的颜色。

◎ 主体色决定房间风格

主体色是房间配色的主角，占整体配色的 25%，主要是窗帘、桌子、沙发等的颜色，对房间的风格起到决定作用，务必与基础色配合协调。

5.1.2 空间色彩数量设置

色彩数量影响到空间的装饰效果，通常分为少色数型和多色数型。三色以内都属于少色数型，三色指三种色相，例如，深红和暗红可以视为一种色相。如果客厅和餐厅是连在一起的，则视为同一空间。

白色、黑色、灰色、金色、银色不计算在三种颜色内。但金色和银色一般不能同时出现，在同一空间只能使用其中一种。

图案类以其呈现色为准。例如，一块花布有多种颜色，由于色彩有多种关系，所以从专业角度讲，以主要呈现色为准。判断方法是眯着眼睛看，从而判断其主要色调。但如果一个大型图案的个别色块很大的话，就得视为一种颜色。

△ 多色数型空间呈现自由奔放的舒畅感

△ 三色指三种色相，本图虽然视觉上给人五彩缤纷的感觉，但其实只包含蓝、紫、黄三种色相

△ 少色数型空间显得简洁干练

5.1.3 空间的色彩印象确定

对一个房间进行配色，通常以一个色彩印象为主导，空间中的大块面色彩从这个色彩印象中提取。比如，采用自然气息的色彩印象，会有较大面积的米色、驼色、茶灰色等，在这个基础上，可以根据个人喜好将其他色彩印象组合进来，但要以较小的面积体现，比如抱枕、小件家具或饰品等。

5.1.4 突出空间的视觉中心

在家居空间的软装设计中，视觉中心是极其重要的，人的注意范围一定要有一个中心点，这样才能形成主次分明的层次美感，这个视觉中心就是布置时的重点。对某一部分的强调，可打破全局的单调感，使整个居室变得有朝气。比如，一个空间中的主体家具往往需要被恰当地突显，在视觉上才能形成焦点。

△ 在确定一个色彩印象为主导的前提下，可以将个人喜好的色彩以较小面积的形式加以体现

△ 将高纯度色彩的家具作为空间的视觉中心

5.1.5 居住者色彩喜好分析

有些居住者喜欢北欧风格，有些喜欢新中式风格，等等，设计时需要根据不同的风格特点选择配色方案。比如，北欧风格空间可以使用白色和原木色来营造相应的氛围；新中式风格空间则常用红色、黄色，还有水墨画般的淡色，甚至还可以搭配浓淡相间的中性色。

△ 北欧风格配色方案

通常，当被问最喜欢什么颜色的时候，大多数人能回答出来。虽然这并不意味着一定要将这种颜色大面积地运用到家居空间中，但在了解了居住者的喜爱或避讳后，就更容易制订符合居住者需求的配色方案。

如果是二手房或精装房，空间可能已经有很多种色彩，而且这些色彩是居住者不喜欢并且不能改变的，比如已铺好的地板、瓷砖或者一些家具等，在选择配色方案的时候要将这些已有的色彩纳入考虑范围。大部分居住者都有自己喜爱的艺术品或软装饰品，需要考虑这些物件的摆放位置及选择那些颜色才能充分将它们突显出来。

△ 新中式风格配色方案

此外，根据年龄、性别、地域和文化的不同，每个人对色彩的喜好会有不同的倾向。在色彩设计上，根据目标客户群，把握各年龄段人群的喜好色是非常重要的。

幼年	喜欢明亮的、鲜艳的颜色，喜欢红色和橙色等暖色
儿童	包括幼年的喜好在内还加入了黄色，喜欢明亮的颜色以及活泼的色调、亮色调
青年	对暖色和冷色系的偏好有所增加，喜欢纯度适度的淡色系和低亮度的深色系等，包括白色和黑色
壮年	冷色系和中性色的偏好有所增加，喜欢的颜色变得多样化。如深色调和浊色调等暗色，灰暗色调
中老年	以喜欢低亮度和低纯度为中心，还喜欢中纯度的浊色调和灰色调的古朴的颜色

5.2

不同居住人群的色彩定位

Interior decoration Design

5.2.1 儿童空间色彩定位

◎ 男孩房色彩

儿童房的色彩应以明亮、轻松、愉悦为主，在孩子们的眼中，并没有什么流行色彩，只要是反差比较大、浓烈、鲜艳的纯色都能够吸引他们的注意力。因此，不妨在墙面、家具、饰品上，多运用对比色以营造欢乐童趣的气氛。

婴幼儿时期可以选择鲜艳的色彩，鲜艳的颜色可以促进婴儿大脑的发育。到了活泼好动的年纪，男孩的房间可以选择常规的绿色系、蓝色系配色。蓝白色系的搭配是最常用的男孩房配色。但不宜使用太纯、太浓的蓝色，可以选择浅湖蓝色、粉蓝色、水蓝色等与白色进行搭配，赋予男孩房含蓄内敛的气质。此外，还可以利用具有鲜明色彩的玩具、书籍等元素和蓝白色系的空间基调形成一定的视觉冲击，呈现更为丰富的装饰效果。

△ 幼儿时期男孩房配色方案

△ 少年时期男孩房配色方案

△ 青少年阶段男孩房配色方案

◎ 女孩房色彩

通常来说，选择暖色系装饰女孩房非常符合其性格特征，如粉色、红色及中性的紫色等色彩。

绿色是非常中性的颜色，妆点儿童房可以增加自然感。使用时可以搭配白色和少量黄色，令整体氛围欢快又充满自然感。粉色系是女孩们的最爱，在女孩房中搭配粉色系窗帘、床品以及装饰品，能让整体空间显得清新浪漫。

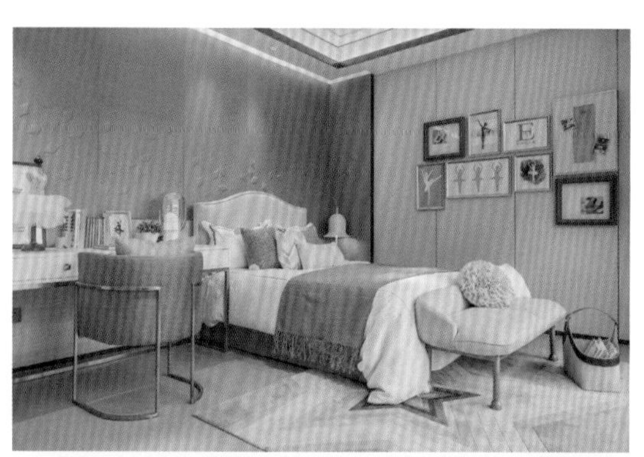

△ 幼儿时期女孩房配色方案

△ 青少年阶段的女孩房配色方案

△ 少女时期女孩房配色方案

5.2.2 老人空间色彩定位

老年人一般都喜欢安静的环境，在装饰老人房时要考虑到这点，可使用一些舒适、安逸、柔和的配色，应避免使用红、橙等易使人兴奋的高纯度色彩。例如，使用色调不太暗沉的中性色，给人以亲近、祥和的感觉。在柔和的前提下，也可使用一些对比色来增强层次感和活跃度。暖色系使人感到安全、温暖，能够给老人带来心灵上的抚慰，使之感到轻松、舒适。但必须使用低纯度、低明度的暖色系。

大红、橘色、紫色等热烈活跃的色彩有可能引起老人心率加速、血压升高，不利于老年人的健康，所以老人房不宜大面积使用过于鲜艳、刺激的颜色。为了避免单调，可在老人房中多运用几种色彩进行搭配。但在选择颜色时，尽量不要运用对比效果过于强烈的颜色，如红绿对比、紫橙对比等，上述对比过于强烈的颜色会让老人产生晕眩感。

△ 老人房的卧室床品是一组冷暖色的弱对比

△ 中性色的搭配能够营造老人房安逸祥和的氛围

△ 降低纯度和明度的暖色系给人温暖和安全感

幼儿喜爱的低纯度浅粉色，容易使老年人觉得刺眼或者无色彩感，而相对饱和的中灰色粉色系更能保持老年人的视觉活力。此外，在尊重老人喜爱的色彩时，应尽可能使用自然的装饰材料，如木质、石材以及天然植物花卉等比金属、玻璃等更有助于老年人保持美好的记忆情怀。

5.2.3 男性空间色彩搭配

男性空间的配色应给人阳刚、有力量的视觉印象。具有冷峻感和力量感的色彩最适用于男性空间。例如冷色调的蓝色、灰色、黑色，或者暗色调、浊色调的暖色。若觉得暗沉色调显得沉闷，可以用纯色或者高明度的黄色、橙色、绿色等作为点缀色。深暗色调的暖色，例如深茶色与深咖色可突显厚重、坚实的男性气质。而暗浊的蓝色搭配深灰，则能体现高级感和稳重感。在深色调中加入白色，显得更加干练和充满力度。

△ 深暗强力的色调，能传达出男性的力量感

△ 蓝色系的理性与沉着，加上强烈的明暗对比，独具男性魅力

△ 黑白灰的整体色调，衬托出男性空间的简洁气质

5.2.4 女性空间色彩搭配

女性空间的配色不同于男性空间，色彩的选择基本没有限制，即使黑色、蓝色、灰色也可以应用，但需要注意避免使用过于深暗的色调。女性空间应展现出女性特有的温柔美丽和优雅气质，配色常以温柔的红色、粉色等暖色系为主，色调反差小，过渡平稳。

此外，女性空间经常使用糖果色进行配色，如以粉蓝色、粉绿色、粉黄色、柠檬黄、宝石蓝和芥末绿等甜蜜的女性色彩为主色调，这类色彩具有香甜的感觉，能带给人清新甜美的感受。此外，紫色很特别，能营造出浪漫的氛围。

△ 以粉色为主的高明度配色能展现出女性追求的甜美感

△ 粉色、紫色搭配白色，营造出充满女性特征的卧室空间

△ 紫色是具有浪漫特征的颜色，最适合营造女性空间氛围

5.3

空间色彩的主次关系

Interior decoration Design

家居空间的色彩，即墙面、顶面、地面、门窗等界面的色彩，同时还包括家具、窗帘以及各种饰品的色彩。整体上可将其分为背景色、主体色、衬托色及强调色四种。

由于每一处的色彩都具有各自的功能，因此以什么颜色为背景色、主体色、衬托色和强调色，是设计室内色彩时应首先考虑的问题。同时，合理安排四者的搭配，也是设计完美室内空间的基础之一。

背景色　主体色　强调色　衬托色

5.3.1 背景色

背景色一般是指墙面、地面、吊顶、门窗等大面积的界面色彩。就软装设计而言，背景色主要指墙纸、墙漆、地面色彩，有时也包括家具、布艺等一些大面积色彩。背景色由于其绝对的面积优势，决定着整个空间的装饰效果，而墙面因为处在视线的水平方向上，对装饰效果的影响最大，往往是室内空间配色首先关注的地方。

不同的色彩在不同的空间背景下，因位置、面积、比例的不同，对室内风格、人的心理知觉与情感反应的影响也会有所不同。例如，在硬装上，墙纸、墙漆的色彩就是背景色；而在软装上，家具就从主体色变成了背景色来衬托陈列在家具上的饰品，形成局部环境色。

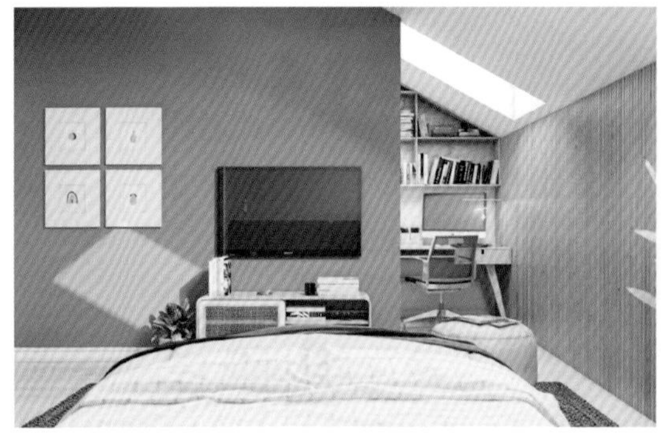

△ 柔和浊色调的背景色适合自然、田园气息的居室

5.3.2 主体色

主体色主要指由大型家具或一些大型室内陈设、装饰织物所形成的色彩搭配。主体色一般作为室内配色的中心色，因此在搭配其他颜色时，通常围绕主体色。卧室中的床品、客厅中的沙发以及餐厅中的餐桌等，都属于其所对应空间内的主体色。

主体色的选择通常有两种方式，如需在空间中呈现鲜明、生动的视觉效果，可选择与背景色呈对比效果的色彩；如要给人整体协调、稳重的感觉，则可以选择与背景色相接近的颜色。

△ 主体色和背景色形成对比，整体显得富有活力

5.3.3 衬托色

衬托色在视觉上的重要性和体积次于主体色，分布于小沙发、椅子、茶几、边几、床头柜等主要家具附近的小家具上。

如果衬托色与主体色能够保持一定的色彩差异，就可以增强空间的动感和活力，但注意衬托色的面积不能过大，否则会喧宾夺主。衬托色也可以选择主体色的同一色系和相邻色系，这种配色更加雅致。为了避免单调，可以通过提高衬托色的纯度来形成层次感，由于与主体色的色相相近，整体色彩仍然非常协调。

△ 主体色与背景色相协调，整体显得优雅大方

△ 衬托色和主体色形成色彩对比，给人以活力感

△ 衬托色与主体色为同一色系，配色上给人以和谐的雅致感

△ 抱枕形态的强调色

5.3.4 强调色

强调色是指室内易于变化的小面积色彩，比如靠垫、灯具、织物、植物花卉、饰品摆设等。强调色一般选用高纯度的对比色，以其强烈的色彩表现，丰富室内的视觉效果。虽然使用面积不大，但是空间中最具表现力的装饰焦点之一。

强调色具有醒目、跳跃的特点，在实际运用中，强调色的位置要恰当，避免画蛇添足。面积要恰到好处，如果面积太大，就会破坏统一的色调，面积太小则容易被周围的色彩同化而不能发挥作用。

△ 灯具形态的强调色

5.4

空间常用配色方式

Interior decoration Design

5.4.1 相似色搭配法

借助色彩间差异小的特点，使色彩搭配协调。如黄色、黄绿色和绿色，虽然在色相上有很大差别，但在视觉上却比较接近。

一般来讲，相似色就是指两个颜色之间有着共用的颜色基因，如果既想要实现色彩丰富，又要追求色彩整体感，相似色是一种很好的选择。例如夕阳的颜色、逐渐深沉的海洋颜色、斑驳阳光下树叶的颜色，都是自然界中常见的颜色。这些颜色能使人感到亲近与舒适，是令人放松的色彩搭配。

△ 相似色配色方案

相似色搭配时一方面要把握好两种色彩的和谐度，另一方面要使两种颜色在纯度和明度上有所区别，使之互相融合。相似色在色相上有很大差别，但在视觉上却比较接近，搭配时通常以一种颜色为主，另一种颜色为辅。

△ 相似色配色方案

搭配要点

◎ 轻松实现色彩丰富又具有整体感的配色目的

◎ 搭配时通常以一种颜色为主，其他颜色为辅

◎ 色彩之间在纯度和明度上要有区别

5.4.2 相反色搭配法

两种互为相反色的颜色特性互补，反差较大，容易给人留下鲜明的印象，能够相互衬托，进而相互搭配。

相反色又可分为对比色和互补色两种类型。对比色如紫色与橙色、橙色与绿色、绿色与紫色等。在同一空间，对比色能制造富有视觉冲击力的效果，让房间个性更明朗，但不宜大面积同时使用。互补色如红和绿、蓝和橙、黄和紫等，每组都由一个冷色和暖色组成，所以容易形成色彩张力，激发人的好奇心，吸引人的注意力。

运用鲜艳的相反色，会产生强烈冲击感。将无彩色与无性格色作为背景或穿插其中，就会缓和过强的对比度，使得搭配更加协调。降低一种颜色的纯度，用另一种颜色作为点缀搭配，能够产生典雅的效果。

搭配要点

◎ 避免两种色彩使用相同的比例
◎ 确定一种主色和一种辅色
◎ 色彩之间在纯度和明度上要有区别

△ 相反色配色方案

△ 相反色配色方案

△ 相反色配色方案

5.4.3 同系色搭配法

同系色搭配法是指将同一色相但不同明度、饱和度的颜色组合到一起的一种方法。例如，将鲜艳的红色与暗红色组合，不掺杂其他颜色，因而具有协调统一感。在家居空间的软装设计中，运用同系色做搭配是较为常见、最为简便并易于掌握的配色方法。

如果居住者喜欢充满蓝色的房间，那么全部都用同一种蓝色未免单调，给人以平面的印象。运用同系色搭配法，将同一种色相的不同颜色进行组合，在色彩布局上更有深度，更能明确房间的印象色，在空间上营造出优美的层次感。

在同系色搭配中，受到各年龄段喜爱的搭配是茶色系组合，这种搭配没有过多的主张，是带有中立特性的基础组合。

△ 同系色搭配方案

搭配要点

- ◎ 在同系色组合中可以加入少量其他颜色的点缀
- ◎ 色彩之间的明度差异要适当
- ◎ 搭配时最好呈现深、中、浅三个层次变化

△ 同系色搭配方案

△ 同系色搭配方案

5.4.4 中性色搭配法

中性色是介于三大色——红、黄、蓝之间的颜色，不属于冷色调，也不属于暖色调，主要用于调和色彩搭配，突出其他颜色。中性色搭配融合了众多色彩，从乳白色和白色这种浅色中性色，到巧克力色和炭色等深色色调。其中，黑、白、灰是常用的三大中性色，能与任何色彩和谐搭配。

中性色搭配法应用非常广泛，但是使用不当也会让人觉得乏味，如果想让中性色搭配体现出趣味性，需要做到以下几点：首先明确中性色是多种色彩的组合而非使用一种中性色，并且需要通过深浅色的对比营造出空间的层次感；其次在中性色空间的软装搭配中，应巧妙利用布艺织物的纹理与图案增强设计的丰富性；最后要把握好色彩的比例，使用过多的黑白色容易使空间显得压抑，在以中性色为主色的基础上，增添一些带彩色的中性色可以让整个配色方案更出彩。

搭配要点

◎ 通过深浅色的对比营造空间的层次感

◎ 利用布艺织物的纹理与图案打破单调感

◎ 可加入一些带彩色的中性色

△ 中性色搭配方案 1

△ 中性色搭配方案 2

△ 中性色搭配方案 3

△ 中性色搭配方案 4

5.5 利用色彩调整空间缺陷

Interior decoration Design

5.5.1 调整空间的进深

同一背景下，面积相同的物体，由于其色彩不同，有的给人突出向前的感觉，有的则给人后退深远的感觉。通常，暖色系色彩和高明度色彩给人以前进感，冷色、低明度色彩给人以后退感。

在室内装饰中，利用色彩的进退感可以从视觉上弥补房间户型缺陷。如果空间空旷，可运用带有前进感的色彩处理墙面；如果空间狭窄，可运用带有后退感的色彩处理墙面。例如，把过道尽头的墙面刷成红色或黄色，墙面就会有前进的效果，令过道看起来没有那么狭长。

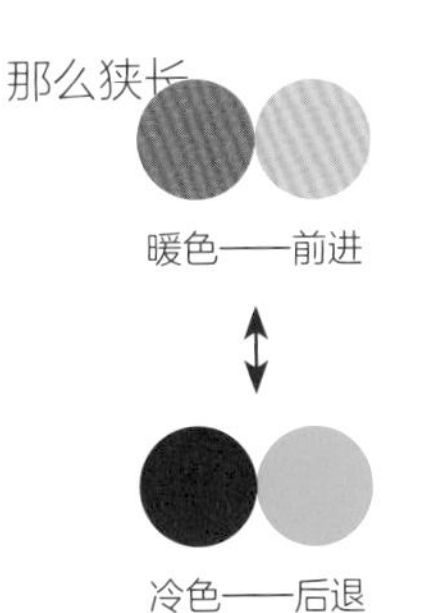

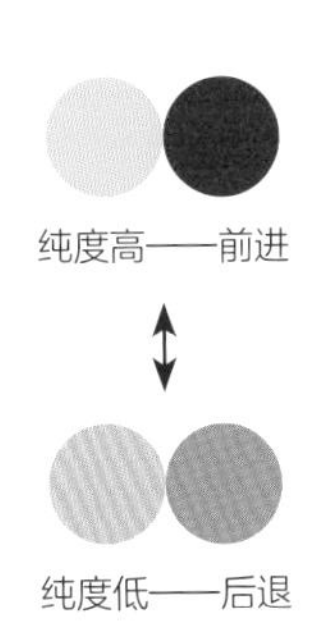

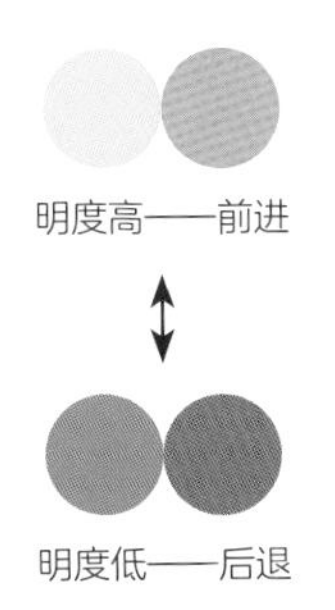

△ 暖色系和高明度色彩的墙面在视觉上给人以前进感

△ 冷色系和低明度色彩的墙面在视觉上给人以后退感

5.5.2 调整空间的视觉层高

明度高的色彩如黄色、淡蓝色等给人以轻快的感觉，黑色、深蓝色等明度低的色彩使人感到沉重。很多公寓的面积不大，层高也偏低，容易给人带来压抑感。如果想在视觉上提升空间高度，顶面最好采用白色或比墙面淡的色彩，地面采用重色。这样让整个空间自上而下形成明显的层次感，从而达到延伸视觉、减少压抑感的效果。墙面与顶面的颜色相同也能够达到这种效果。还有一种方案是墙面采用竖向条状图案，无论上竖下横或多条纹形式，搭配白色、米色等浅色，都能有效地增加视觉高度和减缓压迫感，使小房间显得更大、更高。

反之，将顶面选为深色的话，房间就会显得比实际更矮。在一些层高过高的空间中，不妨采用这种配色方法。

△ 在墙面使用竖向条状图案提升空间的视觉层高

△ 空间过高时，可用比墙面浓重的色彩来装饰顶面，重心整体在上方，在视觉上给人一种被压缩的感觉

顶面

墙面

地面

△ 顶面、墙面、地面的色彩依次由浅到深，让整个空间自上而下形成明显的层次感，从而达到延伸视觉层高的效果

5.5.3 营造空间的宽敞感

不同色彩产生不同的体积感，如黄色感觉大一些，有膨胀性，属于膨胀色；而同样面积的蓝色、绿色感觉小一些，有收缩性，属于收缩色。一般来说，暖色比冷色显得更大，明亮的颜色比深暗显得大，周围明亮时，中间的颜色就显得小。

利用色彩来放大空间，是家居装饰中很常用的手法，小空间可以选择使用白色、浅蓝色、浅灰色等具有后退和收缩性的冷色系搭配，这些色彩可以使小户型的空间显得更加宽敞明亮，而且运用浅色系色彩有助于改善室内光线。例如，白色的墙面可让人忽视空间存在的不规则感，在自然光的照射下，折射出的光线也更显柔和，明亮但不刺眼。

运用明度较高的冷色系色彩作为小空间墙面的主色调，可以拓展空间水平方向的视觉延伸，为小空间营造出宽敞大气的居家氛围。这些色彩具有扩散性和后退性，能让小空间给人一种清新、明亮的感觉。

在软装上，粉红色等暖色的沙发看起来很占空间，使房间显得狭窄，给人以压迫感。而黑色的沙发看上去要小一些，让人感觉剩余的空间较大。

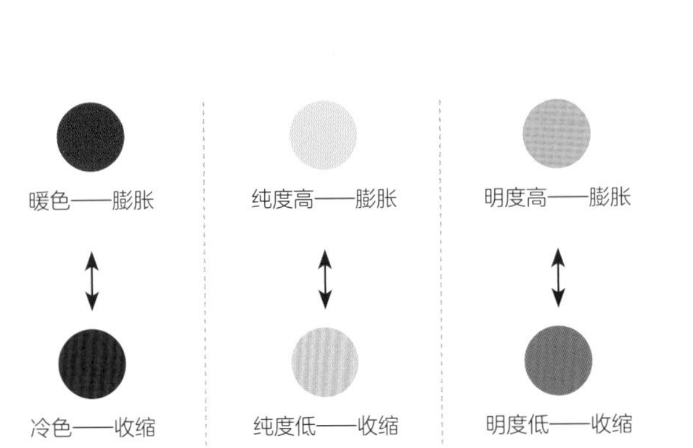

△ 明度较高的冷色系具有扩散性和后退性，给人一种清新、明亮的感觉

△ 采光较暗的家居空间整体布置应以柔和明亮的浅色系为主

5.5.4 增加采光不足的空间亮度

浅色在光线不足的状态下通常缺乏立体感；偏暖灰的色系，可能造成浑浊闷乱的反效果；浅灰色、米色等中性色彩，可以放大空间；深灰、浓艳亮色这种比较凸显的色彩，容易让人感觉到墙面的位置，不适用于小房间。

有些室内光线比较昏暗的空间，应以明亮色系为主，例如白色、米色、淡黄色、浅蓝色等。饱和色调如深咖啡色或紫红色，适用于夜晚使用的空间，例如餐厅。

△ 采光较暗的家居空间整体布置应以柔和明亮的浅色系为主

△ 为了提升阁楼整体的亮度，除了用高明度的色彩，再利用正对窗户位置的镜面从室外引光

△ 除了用玻璃隔断借光，在操作台上方使用黄色烤漆玻璃，也可提升厨房空间亮度

5.6

家居功能区域的配色重点

Interior decoration Design

5.6.1 客厅色彩应用

客厅空间的面积一般比其他房间大，因此在色彩也最为丰富。吊顶、墙面与地面是客厅空间中面积最大的部分，这三部分的色彩设计往往决定了整个客厅配色的效果。

◎ 吊顶色彩

首先，一般建议客厅的顶面比地面的颜色浅，尤其是层高不高时，顶面以浅色为佳，可以产生拉伸视觉层高的作用。其次，虽然使用纯白色最为安全，但若要营造气氛，比如想让客厅产生神秘感，可以使用暗色系。但也要根据地面与墙的色彩而定，不宜过于沉重，否则，容易使人产生压迫感。再次，吊顶比墙面受光少，选择比墙面浅一号的色彩会产生膨胀效果。

△ 暗色系的顶面给客厅空间增加神秘感

如果希望顶面显得更高，就把它刷成白色、灰白色或浅冷色，把墙面刷成对比较强的颜色，这样，拉伸视觉层高效果非常显著。反之，如果希望顶面显得低一些，选用暖色或鲜艳的冷色，视觉上会压缩层高。

△ 白色顶面可产生拉伸视觉层高的作用

◎ 墙面色彩

在选择墙面颜色的时候，要和家具结合起来，而家具的色彩也要和客厅墙面相互映衬。比如，墙面的颜色比较浅，那么，家具上一定要有和这个颜色相同的色彩，这样才更加自然。通常，对于浅色家具，客厅墙面宜采用与家具相似的色调；对于深色家具，客厅墙面宜用浅灰色调。如果事先已经确定要买哪些家具，可以根据家具的风格、颜色等因素确定墙面色彩，避免后期搭配时出现风格不协调的问题。

△ 深色墙面适合搭配高纯度色彩的家具形成反差效果

△ 客厅墙面色彩的选择范围较广，但在配色时应注意与家具、布艺以及小饰品之间形成呼应

光线较暗的客厅不适合过于沉闷的色彩搭配，墙面应以柔和明亮的浅色系为主，浅色材料具有反光感，能够调节居室暗沉的光线。建议使用白色、奶白色、浅米黄等颜色作为墙面的主色。这样可以使进入客厅的光线反复折射，从而起到提升客厅亮度的作用。

△ 浅灰色调墙面适合搭配深色家具，并通过挂画的色彩与家具形成呼应

△ 光线较暗的客厅建议选择浅色系搭配，起到提升空间亮度的作用

在采光不佳的客厅空间中，深色系的用法也很讲究。局部使用深色具有强调和对比的作用，它与浅色系的强弱对比，可以增加空间的层次感。

△ 采光不佳的客厅中，适当运用深色与浅色形成对比，可增加空间的层次感

对于小户型客厅来说，墙面色彩最常见的就是白色。白色墙面可让人忽视空间存在的不规则感，在自然光的照射下折射出的光线也更显柔和，明亮但不刺眼。

△ 白色墙面是小户型客厅最常见的选择

◎ 地面色彩

地面色彩构成中，地板、地毯和所有落地家具陈设均应考虑在内。地面通常采用与家具或墙面颜色接近而明度较低的颜色，给人一种稳定感。有的居住者认为地面的颜色应该比墙面更重，对于那些面积宽敞、采光良好的房子来说，这是比较合理的选择。但在面积狭小的室内空间，如果地面颜色太深，就会使房间显得更加狭小。在这种情况下，应使整个室内空间的色彩都具有较高的明度。

改变地面的颜色也可以改变房间的视觉高度，浅色地面让房间显得更高，深色地面给人以视觉上的稳定感，并且把家具衬托得更有品质和立体感。

△ 在室内配色时，应把地毯色彩作为地面色彩的一部分进行综合考虑

△ 小户型客厅适合选择浅色地面，让空间显得更大

△ 深色地面给人以视觉上的稳定感，适合大户型居室

5.6.2 卧室色彩应用

卧室空间的色彩应尽量以暖色调和中性色为主，应尽量少用过冷或反差过大的色调。而且色彩数量不要太多，搭配 2~3 种颜色即可，否则会让人感觉眼花缭乱，影响睡眠。

卧室的色彩不仅要看居住者的个人喜好，还要考虑到整体的装饰风格。通常，墙面、地面、顶面、家具、窗帘、床品等是卧室色彩的几大组成部分。卧室的顶面宜搭配白色，使空间显得明亮，而墙面的颜色选择要根据空间的大小来定：面积较大的卧室可选择多种颜色来装饰；小面积的卧室颜色最好以单色为主。卧室的地面一般采用深色，不要和家具的色彩太接近，否则，会影响立体感和明快的线条感。此外，卧室家具的颜色要与墙面、地面等的颜色相协调，浅色家具能扩大空间感，使房间明亮爽洁；中等深色家具可使房间显得活泼明快。

△ 单色搭配的小面积卧室空间在视觉上显得更加开阔

△ 中性色的卧室给人优雅高级的感觉，有助于营造温馨的氛围

△ 在进行卧室的色彩搭配时，需要将窗帘、床品、地毯以及台灯等小饰品的色彩一并考虑在内，才能呈现协调和谐的效果

5.6.3 餐厅色彩应用

餐厅是进餐的专用场所，其空间一般和客厅连在一起，在色彩搭配上要和客厅相协调。具体色彩可根据家庭成员的爱好而定。通常，色彩的选择一般要从面积较大的部分开始，最好首先确定餐厅顶面、墙面、地面等硬装的色彩，然后选择色彩合适的餐桌椅与之搭配。颜色之间的相互呼应会使餐厅色彩更加和谐，形成独特的风格和情调。

△ 在色彩相对素雅的餐厅环境中，可通过装饰画的色彩点缀给空间添加活力

通常，餐厅的颜色不宜过于繁杂，以 2~4 种色调为宜。因为颜色过多，会使人产生杂乱和烦躁感，从而影响食欲。在餐厅中应尽量使用邻近色调，太过跳跃的色彩搭配会使人感觉心里不适。相反，邻近色调则有种协调感，更容易让人接受。其中，黄色和橙色等明度高且较为活泼的色彩，会给人带来甜蜜的温馨感，并且能够很好地刺激食欲。局部可以选择白色或淡黄色，这类颜色看起来很干净。

△ 如果餐厅与客厅位置相邻，应注意两个空间在色彩搭配上的呼应

△ 餐厅中适当运用黄色、橙色等暖色调可起到刺激食欲的效果

5.6.4 书房色彩应用

书房是用于学习、思考的空间，因此在为其搭配色彩时，应避免用强烈和刺激的色彩。书房适合搭配明亮的无彩色或灰色、棕色等中性颜色，当然，用白色来提高书房空间的亮度也是种不错的选择。书房内的家具颜色应该和整体环境相协调，通常选用冷色调，使人更心平气和，能集中精神。如果没有特殊需求，书房的装饰色彩尽量不要采用高明度的暖色调，因为在一个轻松的氛围中出现容易让人情绪激动的色彩，自然会对人心情的平和与稳定造成影响，从而无法达到良好的学习效果。

为避免书房的色彩呆板与单调，在大面积的偏冷色调中，可增加一些色彩鲜艳、丰富的小摆件饰品或装饰画等作为点睛之笔，营造出既轻松又恬静的环境。

△ 书房宜用中性色，营造出让人静心学习与思考的轻松氛围

△ 以蓝色为主的书房空间具有让人迅速冷静的作用

△ 书柜中书籍的色彩也可以成为空间装饰的一部分，并与书椅、地毯的色彩巧妙呼应

5.6.5 厨房色彩应用

面积较大的厨房空间可选用吸光性强的色彩，这类低明度的色彩给人以沉静感，也较耐脏。反之，空间狭小、采光不足的厨房，则适合搭配明度和纯度较高、反光性较强的色彩，因为这类色彩具有空间扩张感，能在视觉上弥补空间小和采光不足的缺陷。此外，厨房是高温操作环境，墙面瓷砖的色彩应以浅色和冷色调为主，例如白色、浅绿色、浅灰色等。也可使厨房墙砖的颜色和橱柜的颜色相匹配，这样搭配使厨房显得非常整洁大气。

选择厨房用品时，不宜使用反差过大、过多过杂的色彩。有时也可将厨具的边缝配以其他颜色，如奶棕色、黄色或红色，目的在于调剂色彩，特别是在厨餐合一的厨房环境中，配一些暖色调的颜色，与洁净的冷色相配，有利于增进食欲。

△ 采光充足的厨房适合选择耐脏的低明度色彩

△ 因为厨房是高温操作环境，选择冷色调可增加人的心理舒适感

△ 采光不足的厨房适合搭配明度和纯度较高、反光性较强的色彩

△ 空间狭小的厨房适合选择大面积白色以增加开阔感

5.6.6 卫浴间色彩应用

卫浴间的色彩是由墙面、地面材料、灯光照明等融合而成的，并且受到盥洗台、洁具、橱柜等物品色调的影响。

想要避免视觉疲劳和空间的拥挤感，应选择具有清洁感的冷色调作为卫浴间的背景色，尽量避免使用一些缺乏透明度与纯净感的色彩。在配色时要强调统一性，过于鲜艳夺目的色彩不宜大面积使用，以减少色彩对人的心理冲击与压力。色彩的空间分布应该是下部重、上部轻，以增加空间的纵深感和稳定感。

白色干净而明亮，给人以舒适的感觉。对于一些面积不大的卫浴间来说，选择白色既能拓展人的视野，也能让整个卫浴环境看起来更加舒适，因此，白色往往是卫浴间的首选。但为了避免单调，可以在白色的基础上增加小块图案，起到一定的装饰效果。

△ 上轻下重的色彩分布可增加卫浴间的稳定感

△ 具有清洁感的冷色是卫浴间的常见色彩之一

△ 白色干净而明亮，可以扩大卫浴间的视觉空间

Interior decoration

Design

第 6 章

家居装修空间界面设计

6.1

吊顶设计

Interior decoration Design

6.1.1 乡村风格吊顶设计

◎ 装饰木梁

在乡村风格的空间中，加入木梁造型，可以使增强空间中的自然气息，使之更具生活感。但是装饰木梁的数量与粗细要根据空间的大小、高矮以及需要表现的效果而定，不能一概而论。

△ 装饰木梁

◎ 异形结构顶

为了满足建筑的外观设计要求，很多别墅或者复式住宅顶层的顶部都是异形的。如果保留建筑本身的特点，依式做吊顶会更加大气，层高也会显得更高，更有空间感。最常见的是按照原结构顶的形状做木梁装饰。

△ 异形结构顶

◎ 杉木板吊顶

先在原顶面的基础上用木工板打一层底，这样能使顶面平整，然后把杉木板安装在木工板上。杉木板吊顶的形状排列可根据空间的大小和造型来设计。安装好后可以选择刷清漆，保留杉木板本来的颜色，也可以用木蜡油擦上和整个空间更相配的颜色。

△ 选择清漆工艺的杉木板吊顶

吊顶内的木质材料应满涂二级防火涂料，以不露出木质为佳；如用无色透明防火涂料，应在木质材料表面涂二级防火涂料，不可漏刷，避免电气管线由于接触不良或漏电产生的电火花引燃木质材料，进而引发火灾。

△ 灯槽吊顶

6.1.2 现代风格吊顶设计

◎ 最常见的灯槽吊顶

灯槽吊顶的设计感和装饰性比较强，是简约风格空间中常见的顶面造型。灯槽吊顶不只是一条漫反射的光带，还可以提高吊顶的完整性、通透性和装饰性。

◎ 扩大空间的镜面吊顶

小空间顶面使用镜子可以让层高在视觉上得到延伸，在施工的时候要特别注意施工工艺。一般，镜子背面要用木工板或者多层板打底，最好不要用石膏板打底。

△ 镜面吊顶

◎ 木地板贴顶

将地板作为吊顶装饰的设计越来越多。施工时应先做基层，可以用 15mm 或 18mm 的木工板打底。由于实木地板的变形系数相对较高，所以不建议把实木地板贴在吊顶上。通常，强化地板和实木复合地板是比较理想的地板品类。

△ 木地板贴顶

◎ 石膏板抽缝造型

石膏板抽缝就是把石膏板抽成一条条凹槽，这样可以增加空间的层次感。缝的大小可根据风格和空间的比例来定，抽完缝后再刷上符合家居风格的颜色，这样既经济又环保。

石膏板抽缝在施工时有两种方式：一种是用原建筑楼板做底，另一种是用双层纸面石膏板做底。要注意的是，一般公寓房的顶面石膏板留缝为 8~10mm，刷完乳胶漆刚好是 5~8mm，如果一开始留 5mm，那么，等批好腻子、刷好乳胶漆以后，几乎就看不出有缝隙了。

△ 石膏板抽缝造型

6.1.3 中式风格吊顶设计

古典风格的中式吊顶一般以中式古典花格为主，有棕色、褐色、原木色、白色、紫色等木质花格，可以全部使用或者大面积使用。

新中式风格的吊顶造型多以简单为主，古典元素点到为止，平面直线吊顶加反光灯槽就很常见。新中式吊顶材料的选择会考虑与家具及软装的呼应。比如，木质阴角线，或者在顶面用木质线条勾勒简单的角花造型，都是新中式装修吊顶中常用的装饰方法。

△ 木线条勾勒

◎ 木线条勾勒

木线条可以买免漆的成品，也可以买半成品，后期刷上木器漆或者用木蜡油擦色。当然，木线条的价格比石膏线条贵不少，如果预算有限，可以选择科技木，而不选择价格昂贵的实木线条。

△ 深色木质吊顶

◎ 深色木质吊顶

木质具有温润自然的特性，在中式风格的空间中常用木质造型的吊顶，但与乡村风格吊顶不同的是，中式风格的木质造型吊顶颜色相对较深，给人一种厚重感。

△ 安装木花格

◎ 安装木花格

木花格装饰吊顶需要在施工时精准计算花格的造型和灯光的位置。一般来说，花格分为实木雕刻和密度板雕刻两种，实木相较于密度板更加生动自然，所以价格略微高一些。

◎ 实木线制作角花

中式风格的空间常在顶面用木质线条勾勒简单的角花造型，深色的木线条和中式角花搭配在白色的石膏板上尤为显眼，也能更好地表现出传统的中式气质。

△ 实木线制作角花

6.1.4 欧式风格吊顶设计

◎ 金银箔装饰吊顶

金银箔无论从质感还是色泽上，都有着精美雅致的视觉效果，可以很好地提升空间优雅大方的气质，其反射光线的材质属性也为空间提高了亮度，从而达到改善室内采光的效果。

△ 金箔装饰吊顶

△ 银箔装饰吊顶

◎ 多层线条造型吊顶

如果空间的层高足够，那么运用多层线条造型吊顶会是一个不错的选择，可以增加顶面设计细节，从而丰富空间的层次感和立体感。这种造型吊顶可以根据设计要求，变换多种方式，常见的以矩形、圆等规则几何图形和不规则的异形为主。

△ 多层线条造型吊顶

◎ 石膏花线描金吊顶

采用石膏花线描金的方法可以在空间里营造浪漫的氛围，并且可以让整体的装饰品质得到极大地提升。需要注意的是，描金装饰不宜过多地使用，最好在需要重点表现的区域点到即可。

△ 石膏花线描金吊顶

◎ 石膏浮雕吊顶

石膏浮雕多以欧式艺术风格来展现各种花纹，常有浮雕花样和人物造型，是室内装饰中较为常见的元素。其底色大多采用白色、淡色，但也时常会有描金、雕花的款式。

△ 石膏浮雕吊顶

6.1.5 井格式吊顶设计

井格式吊顶是利用空间顶面的井字梁或假格梁进行设计的吊顶形式，其使用材质一般为石膏板或木质。有些还会搭配一些装饰线条以及造型精致的吊灯。

这种吊顶不仅使顶面造型丰富，而且能够合理区分空间，如果空间面积过大或者格局比较狭长就可以使用这一类吊顶。为净高在 3.5m 左右的人空间设计井格式吊顶时，以选择造型更为复杂的款式，以加强顶面空间的立体感，并让吊顶的装饰感更加强烈。

△ 原木井格式吊顶

△ 石膏板装饰梁井格式吊顶

6.1.6 悬吊式吊顶设计

悬吊式吊顶是指通过吊杆让吊顶装饰面与楼板保持一定的距离，犹如悬在半空中。在两者之间还可以布设各种管道及其他设备，饰面层可以设计成不同的艺术形式，以产生不同的层次和丰富空间的效果。设计这类吊顶时，要注意预留安装发光灯管的位置，以及处理好吊顶与四周墙面材质的衔接问题。

△ 悬吊式吊顶

6.1.7 平面式吊顶设计

平面式吊顶指顶面满做吊顶的形式，吊顶的表面没有任何层次或者造型，简洁大方，适合各种装修风格的居室，比较受现代年轻人的喜爱。通常，房间高度为 275cm 的，建议吊顶高度为 260cm，这样不会使人感到压抑，如果层高比较低的房间设计平面式吊顶，建议吊顶的高度最低为 240cm。

△ 平面式吊顶

6.1.8 灯槽式吊顶设计

灯槽式吊顶是比较常用的顶面造型，整体简洁大方。施工过程中只要留好灯槽的位置，保证灯光能放射出来就可以了。灯槽式吊顶至少往下吊 16cm，一般是 20cm，因为如果高度不够，灯光就透不出来，而灯槽的宽度则与选择的吊灯规格有关，通常为 30~60cm。

△ 灯槽式吊顶

△ 灯槽式吊顶

6.1.9 迭级式吊顶设计

迭级式吊顶是指 2 层以上的吊顶，类似于阶梯式造型，层层递进，能在很大程度上丰富家居顶面空间的装饰效果。迭级式吊顶层次越多，吊下来的尺寸就越大，二级吊顶一般往下吊 20cm 的高度，但如果层高很高的话也可增加每级的高度。层高低的话每级可减掉 20~30mm 的高度，如果无须在吊顶上装灯，可每级往下吊 5cm。

△ 迭级式吊顶

6.1.10 线条式吊顶设计

有些室内空间会把线条勾勒造型作为顶面装饰，如用木线条走边或石膏线条装饰的造型等。一些层高不够的空间，还会用顶角线绕顶面一圈作为装饰，其材质主要有金属线条、石膏线条与木线条等类型。

随着轻奢风格的流行，越来越多的空间采用金属线条装饰顶面，以增加轻奢华美的气质。石膏线的种类相对较丰富，而木线条无论尺寸、花色、种类还是后期上色上相对都具有一些优势。多数实木线条是根据特定样式定做的。一般，设计师先画出实木顶角线的剖面图，再拿到建材市场专卖木线的店面就可以定做了。

△ 石膏线条式吊顶

△ 金属线条式吊顶

△ 木线条式吊顶

6.2

墙面设计

Interior decoration Design

6.2.1 客厅墙面设计

客厅墙面设计一般分为电视墙与沙发墙两项内容。沙发墙的装饰相对较为简单，最常见的做法是安装搁板来摆设小工艺品或根据墙面大小悬挂不同尺寸的装饰画；而电视墙是客厅装饰的重点，影响到整个室内空间的装饰效果。

△ 镜面或玻璃装饰墙面

◎ 镜面或玻璃装饰墙面设计

在客厅采用镜面或玻璃做背景墙，不仅具有延伸空间的作用，而且能给客厅空间带来强烈的现代感，此外，还有增强采光的作用。如果觉得直接用镜面做背景墙太单调，就可以将镜面设计成菱形等形状或在设计镜面的同时搭配装饰画、壁饰等装饰元素，以丰富背景墙的装饰层次。

◎ 挑高客厅空间墙面设计

很多挑高客厅空间具有别墅的气质。所以电视墙在整个设计中比较重要。但是也不宜过于复杂，应结合整体风格做造型。建议墙面的下半部分做得丰富一些，上半部分尽量简洁，这样显得比较大气，而且不会有头重脚轻的感觉。

△ 挑高空间的电视墙要保持视觉平衡，避免出现头重脚轻的情况

◎ 层高较低的客厅墙面设计

层高较低时，电视墙不适合混搭多种材质进行装饰，单一材质的饰面能使墙面开阔不少。此外，设计时可以巧用视错觉弥补户型本身的一些缺陷。例如，在相对狭小和不高的空间中，在电视墙上增加整列式垂直线条，可以有效地让居住者感受到空间被拉高了。

△ 竖条纹可以增加视觉高度，反之，横条纹可以横向拉伸空间感

△ 利用竖向线条拉伸空间的视觉高度

◎ 电视机嵌入墙面的设计

对于追求简约格调的客厅，如果将电视机嵌入背景墙中，不仅可以在视觉上增强统一感，而且能使小空间更开阔。但安装时应注意，电视机的后盖和墙面之间应保持 10cm 左右的距离，而四周则需留出 15cm 左右的空间，以保证电视机在运行中正常散热和通风。

△ 电视机嵌入墙面的设计

6.2.2 卧室墙面设计

卧室墙面设计应以宁静、和谐为主，在选择墙面的装饰材料时，应充分考虑房间的大小、光线以及家具的式样与色调等因素，使所选的装饰材料的花色、图案与室内环境相协调。

△ 硬包或软包墙面质地柔软，最适合营造卧室空间的温馨氛围

◎ 软包或硬包装饰墙面

软包或硬包是卧室墙面出现频率最高的装饰材料。这种材料无论配合墙纸还是乳胶漆，都能够营造出大气又不失温馨的就寝氛围。如果采用软包装饰，在设计的时候除了计算好软包本身的厚度和墙面打底的厚度，还要考虑到相邻材质间的收口。

◎ 护墙板装饰墙面

为满足风格的需要，很多卧室背景墙会出现护墙板造型。护墙板的颜色以白色和褐色居多。在装饰半高的护墙板时，需要先确定床背的高度，这样才能确定护墙板的高度。要确保做好的护墙板比床背高，护墙板如果比床背低，就没有效果了。

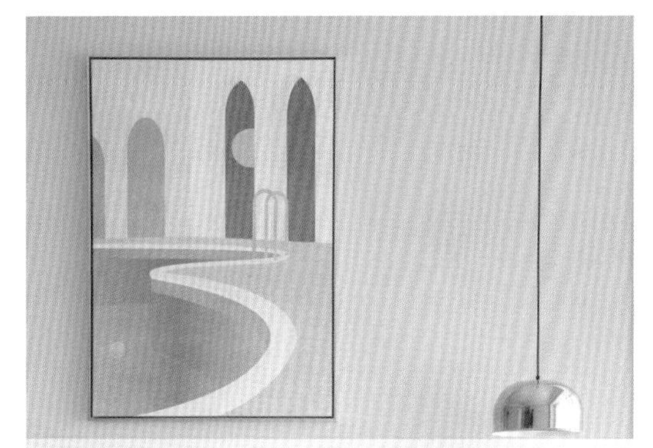

△ 床头背景墙设计护墙板造型时应事先确定好床的尺寸

◎ 镜子装饰墙面

卧室中的镜子除了可以用作穿衣镜，还能起到放大空间的作用，从而减少狭小卧室的压迫感。还可以在卧室的墙面上设计一些几何图形，并在里面安装镜子，这样既有扩大空间的效果，又使卧室的装饰更具个性，让人眼前一亮。此外，装饰镜不仅可以用在卧室墙面上，也可以把衣柜门换成镜面装饰，使空间有横向扩展的感觉。

△ 雕花镜面既富有装饰性，又避免过于强烈的反光性会影响睡眠

△ 床头柜上方几何造型的装饰镜为轻奢风格的卧室空间增添了个性

6.2.3 餐厅墙面设计

餐厅墙面设计的好坏，不仅直接影响到人在用餐时的心情，而且会影响整体家居的设计品质。其中，黄色和橙色等明度高且较为活泼的色彩，会给人带来暖暖的温馨感，并且能够很好地刺激食欲。在局部的色彩选择上可以考虑白色或淡黄色，以便于保持卫生。

△ 从心理层面来说，明度较高的暖色系墙面更容易让人产生食欲

◎ 餐厅与客厅相连的墙面设计

如果餐厅和客厅相连，可把餐厅一面墙和顶面做成连贯的造型，这样既可以营造餐厅的氛围，也可将本来相连的客厅的顶面和立面不加隔断地巧妙划分，且不阻碍视线。造型上可以用出彩的乳胶漆或者色彩图案很夸张的墙纸及其他木质、石膏板材料进行装饰，再配以一定的辅助光源。

◎ 镜面装饰背景墙

如果直接将镜子铺贴在餐厅的墙面上，其强烈的反射也许会给人造成过于强烈的视觉冲击。因此，要在镜面上做适当的造型。例如，将镜面的周围按照一定的宽度，车削适当坡度的斜边，使其看起来具有立体或套框的感觉，同时，这样的镜面边缘处理不容易伤到人，增强了镜面装饰的安全性。

△ 餐厅与客厅相连的墙面设计

△ 镜面应用在餐厅背景墙可放大视觉空间

镜面材质在餐厅墙面的运用上极为普遍，但镜面的安装是有要求的。如果镜面面积过大，在施工过程中不宜直接贴在原墙上，因为原墙的面层无法承受镜面的重量，导致粘贴不牢固，而钉在墙面又不美观，所以一般先在墙面打一层九厘板，再把镜面贴在九厘板上。

6.2.4 儿童房墙面设计

儿童房的色彩应确定一个主调，这样可以降低色彩对视觉的压力。墙面的颜色最好不要超过两种，因为墙面颜色过多，会过度刺激儿童的视神经及脑神经，使儿童变得躁动不安。

为了孩子的健康成长，儿童房在装饰材料的选择上，应遵循无污染、易清理的原则。应尽量选择天然的材料，并且中间的加工程序越少越好。比如，在墙面刷漆时，不仅要选择环保涂料，还要保持房间通风，同时也要注意刷漆的工艺。

△ 硅藻泥装饰墙面

◎ 硅藻泥装饰墙面

儿童房的墙面使用塑性极强的硅藻泥是一种理想的选择，在装饰时可做出丰富的肌理效果。例如，可用硅藻泥将孩子喜欢的图案装饰在墙壁上，不仅可以装饰房间，同时也满足了孩子的需求。

△ 黑板墙设计

◎ 黑板墙设计

如果能在儿童房中设计一面黑板墙，就多了一个让孩子挥手涂鸦的空间。注意在为儿童房设计黑板墙时，应选择安全环保的黑板漆，油性黑板漆味道大，而且不环保，因此不推荐在儿童房中使用。水性黑板漆更适用于儿童房。

△ 墙绘装饰墙面

◎ 墙绘装饰墙面

墙绘是一种快速实现儿童房墙面“换容”的简易方法。与墙纸相比，墙绘比较随性、富有变化。儿童房墙绘一般选择卡通和童话图案，不同的孩子对卡通图案的喜好不同，因此，要根据他们的喜好以及装饰的整体风格进行绘制。

◎ 墙纸装饰墙面

男孩房的墙纸可选择蓝色、绿色、黄色等搭配蓝天、大海等主题的图案，这样能满足男孩对大自然的渴望。而女孩房则可以选择粉红色、粉紫色、湖蓝色、暖黄色等墙纸，打造出一个清新活泼的公主房。

△ 男孩房墙纸色彩搭配

△ 女孩房墙纸色彩搭配

6.2.5 过道墙面设计

过道在家居中是一个相对较为狭窄、封闭的空间，因此，其墙面不宜做过多装饰和造型，力求给人一种宽敞开阔的视觉感。

◎ 黑板墙设计

如果家里有小孩，不妨把过道的大白墙改成黑板墙，给孩子创造一个展示绘画能力的小空间。有了黑板墙，再也不用担心大白墙被涂花，而且相比于大白墙，黑板墙的装饰效果充满童趣，但要充分考虑黑板墙的自然采光问题。

△ 大面积的黑板墙描绘了轻松快乐的画面，显得活泼有趣

◎ 端景墙设计

许多户型的门正对过道尽头的墙，因此，这面墙是人们最先看到的风景，称作“端景墙”。端景墙的前方通常摆放用来放置物品的台子构成端景台，其主要作用就是给过道造景。在端景台上可摆放一些花瓶、台灯、装饰画或其他摆件。

△ 装饰型过道端景墙

△ 收纳型过道端景墙

◎ 镜子装饰墙面

在过道的一侧墙面上安装一面大镜子，既显美观，又可以提升空间感与明亮度，最重要的是能缓解狭长形过道带给人的不适感与局促感。需要注意的是，过道中的装饰镜宜选择大块面的造型，横竖均可，但面积太小的装饰镜起不到扩大空间的效果。

镜子在餐厅墙面的运用极为普遍，当然，镜子的安装是有要求的。如果镜子的面积过大，在施工过程中不宜直接贴在原墙上。因为如果直接粘贴，原墙的面层无法承受镜面的重量，而钉在墙面又不美观，所以一般会先在墙面打一层九厘板，再把镜面粘贴上去。

△ 在面积狭小的过道空间中，镜子的运用可实现视觉上的扩容

6.2.6 厨房墙面设计

厨房墙面的选材，应首先考虑到防火、防潮、防水、清洁等问题。灶台区域的墙面，容易被油污溅到，因此可以选择容易清洁的墙砖进行铺贴，其中，品质较好的亚光釉面砖是首选。

尺寸大小也是厨房墙砖需要考虑的重要因素之一。市面上常见的墙砖规格在300mm×450mm~800mm×800mm。也可以选择大规格的瓷砖进行切割，从而达到理想的效果，若厨房的面积一般比较小，最好选择300mm×600mm 的墙砖，这样既不会浪费墙砖，又能保持空间的协调性。

◎ 厨房墙面色彩

厨房墙面的色彩应当以浅色和冷色调为主，例如白色、浅蓝色、浅灰色等。这些色彩会使身处高温、多油烟环境下的人感到舒畅和愉悦，并且能增强空间视觉感，让狭小的厨房空间不再沉闷和压抑。当然，厨房墙面也可以选择白色和任何一种浅色进行搭配，然后有序地进行排列组合，营造出一个独特、个性的厨房空间。

△ 白色的厨房墙面给人以清爽感，而且在视觉上可以扩大空间

△ 冷色系厨房墙面有一定的降温作用，适合高温与油烟的工作环境

◎ 厨房墙砖铺贴

很多乡村风格的厨房墙面，选择使用砖红色或灰色系并带有仿古特质的墙砖进行搭配设计，再加上古典风格的装饰性腰线进行点缀，可获得非常出色的装饰效果。对于现代风格的厨房空间，在墙面铺贴黑白两种色系的墙砖，能使厨房有一种强烈的时尚质感。

△ 利用花砖拼贴成富有艺术感的画面，注意保证瓷砖花片的完整性

◎ 厨房腰线设计

要想让腰线不间断，设计时就要根据橱柜算好高度。橱柜的高度可以根据使用者的身高来确定。一般，预定好的台面离地高度，加上台面靠墙的后挡水条的高度，就是腰线最下端离地的最小距离。

若想在厨房间的墙面做些瓷砖铺贴上的变化，则不能太随意，尤其是花片的位置，要结合橱柜的方案考虑，比如，如果安装侧吸油烟机就不适合在灶台处贴花片。此外，还要算好尺寸，看看花片是否会被插座破坏。

△ 利用竖向混铺的彩色条砖作为腰线，设计时应注意合理的高度

6.2.7 卫浴间墙面设计

卫浴间墙面装饰材料多用瓷砖，根据工艺不同，瓷砖可以分为抛光砖、玻化砖、釉面砖、仿古砖、陶瓷锦砖、通体砖等多种。很多人认为，卫生间的墙砖一定要贴到顶才好看和实用，其实只要把淋浴房的墙面用墙砖贴到顶就可以了，像干区、浴缸、马桶间等区域的墙面可以用墙砖贴到 1~1.2m 的高度，上半部分用其他饰面材料进行装饰，一般以墙纸和乳胶漆为主，这样既节约成本，也能形成独特的效果。此外，防水漆也十分适用于卫浴间的墙面装饰，其不仅方便施工，效果明显，而且非常容易清理，同时还能起到防止墙体发霉的作用。

△ 干区的下部墙面铺贴墙砖，上部墙面涂刷防水漆

如果觉得卫浴间有些单调，可以通过主题墙设计来丰富墙面效果。大多数洁具都为白色，为了突出这些主角，可以将墙面瓷砖换成淡黄、淡紫色甚至造型别致的花砖，这样会有意想不到的效果。

◎ 卫浴间马赛克铺贴

在卫浴间的墙面铺贴马赛克能起到很好的装饰效果，无论整体拼贴还是作为局部的点缀，都能营造整个卫浴间的气氛。在色彩的搭配上，除了传统的灰色、黑白色，彩色玻璃马赛克不仅美观，而且更显和谐之美，也是十分不错的选择。

△ 在盥洗台上方利用色彩丰富的花砖打造一面主题墙

◎ 卫浴间墙砖铺贴

墙砖是卫浴间墙面装饰最常用的材料。在搭配时，因为大多数卫浴间的面积不大，所以应尽量选择浅色，或者采用下深上浅的方式来铺设，以增强空间感。如果空间特别小，可以选择铺贴小块瓷砖，采用菱形或者不规则的铺贴方式，在视觉上增强空间感。

△ 下深上浅的方式铺贴墙砖，可以增强小空间的稳定感

◎ 卫浴间设计壁龛

在卫浴间墙上设计的壁龛，不仅不占面积，而且具有一定的收纳功能。如果为其搭配适当的装饰摆件，还能提升卫浴间的品质，可谓家居收纳设计中的点睛之笔。

壁龛的深度受到构造的限制，而且制作壁龛时要特别注意墙身结构的安全问题。最重要的是，不可在承重墙上制作壁龛。壁龛的高度在 30cm 左右，表面一般需要铺贴瓷砖，以便于日后打扫，而且能起到防水防潮的作用。

如果卫浴间墙面的墙砖以小砖为主，建议壁龛以整块砖进行设计，避免用半砖来拼接施工，这样才能保障精准性。壁龛内的层板既可以采用钢化玻璃，也可以采用预制水泥板并在其表面贴瓷砖。

△ 壁龛中利用灯带照明带来实现悬浮的视觉效果

6.2.8 现代风格墙面设计

◎ 仿石材墙砖

仿石材墙砖是现代风格电视墙的常用材料，它没有天然石材的放射性污染，而且有灵活的人工配色，解决了天然石材存在色差的问题，对纹理的合理把控可让每一块仿石材砖之间的拼接更加自然。

△ 仿石材墙砖铺贴的电视墙既有天然石材的纹理，又避免了放射性污染

△ 相比于其他普通墙砖，仿石材墙砖在花色的强调、图案的制作以及印制上更为讲究

◎ 水泥墙面

许多追求个性的室内空间为了营造与众不同的氛围，往往用水泥墙增强视觉冲击感。毫无疑问，把水泥墙用在家中也是体现个性的一种方式——越是粗糙斑驳，越是张扬有型。

△ 水泥墙与生俱来的粗粝质感，诠释了简洁利落的艺术美学

△ 水泥墙施工方便，搭配上高质感家具便能营造出朴实无华的生活氛围

◎ 金属线条装饰墙面

在偏轻奢感的现代风格空间中，如果将金属线条镶嵌在墙面上，不仅能突显空间强烈的现代感，而且可以突出墙面的竖向线条，增强墙面的立体效果。独特的金属质感能给现代风格家居空间加分。

△ 在现代轻奢风格的空间中，金属线条是不可或缺的装饰元素之一

◎ 镜面和玻璃装饰墙面

镜面和玻璃材质是现代风格家居墙面最为常见的装饰材料，这两种材料本身有着通透的明亮感，能使整个视觉空间扩大，给人一种宽敞通透的舒适感受，在提升空间优雅品质的同时，也将现代风格空间独有的美感表现了出来。

△ 黑镜与白色护墙板形成鲜明的视觉反差

◎ 马赛克拼花墙面

马赛克拼花在现代风格家居空间中具有非常好的装饰效果，可以在墙面上拼出自己喜爱的背景图案，让整个空间拥有时尚与个性的气质。

△ 常见的马赛克拼花艺术

△ 大幅马赛克拼花墙面具有令人震撼的视觉效果

6.2.9 乡村风格墙面设计

◎ 天然石材装饰墙面

乡村风格常选用天然石材等自然材质，体现出对自然家居及乡村生活方式的崇尚。由于天然石材源于自然，每一块石材的花纹、色泽特征都会有差异，因此必须通过拼花使花纹、色泽逐步延伸、过渡，从而使石材整体的颜色、花纹呈现出和谐自然的美。

△ 天然石材的应用给人带来朴实而自然的视觉感受，十分适合乡村风的粗犷风格

◎ 文化砖装饰墙面

文化砖是乡村风格墙面常用的材料，富有质感的外形和低调的色彩设计使其独具魅力。如今，文化砖有了颜色的渐变搭配，其装饰效果更具观赏性。文化砖虽然在颜色及外形上不尽相同，但是都能恰到好处地提升空间气质。

△ 文化砖颜色丰富多样，可表现出不同的空间气质

△ 文化砖贴面的壁炉造型凸显乡村气息，成为餐厅空间中的视觉中心

◎ 裸露的砖墙

裸露的砖墙是乡村风格中极具视觉冲击力的元素，原本应该在室外的简陋墙面出现在室内，赋予了乡村风格家居不加修饰的自然感。

◎ 碎花墙纸装饰墙

碎花墙纸的设计形式也多种多样，可以搭配白色或者米色的墙裙进行设计，也可以与窗帘及布艺织物形成统一的设计效果。

△ 裸露的砖墙体现着对自然家居及乡村生活方式的崇尚

△ 柔和素雅的碎花墙纸排列有序的花朵图案，带来初春般自然清新的气息

◎ 自然色的乳胶漆墙面

乡村风格空间一般使用偏自然色的乳胶漆，尤其是暖色调的乳胶漆，比如，在墙面涂刷棕色、土黄色乳胶漆可以营造自然清新的田园气息，同时提升整个家居空间的舒适度。

△ 土黄色乳胶漆搭配白色护墙板营造出自然清新的田园气息

6.2.10 欧式风格墙面设计

◎ 欧式纹样墙纸

墙纸是欧式风格墙面最常见的装饰材料。欧式纹样墙化富有古典欧式特征，其中以大马士革纹样最为常见。在简欧风格空间中，一般选择偏现代风格的墙纸，整体所呈现出的感觉清新而典雅，并且使空间充满现代时尚感。

△ 古典欧式墙纸纹样

△ 简约欧式墙纸纹样

◎ 墙面线条装饰框

欧式风格墙面还可以用线条做框架装饰。装饰框的大小可以根据墙面的尺寸按比例均分。线条的款式很多。造型纷繁的复杂款式可以提升整个家居空间的奢华感，简约造型的线条框则可以使空间显得更为简单大方。

△ 简约造型的线条框

△ 金色雕花线条装饰框

◎ 车边镜装饰墙面

车边镜又称装饰镜，常用于客厅、餐厅、卫浴间等区域的墙面。在欧式风格中用车边镜装饰墙面，可以增强家居空间的时尚感及灵动性，在带来装饰美感的同时，也在视觉上延伸了家居空间。

△ 欧式风格的餐厅空间墙面铺贴菱形镜，装饰的同时扩大了视觉空间感

◎ 实木护墙板装饰墙面

实木护墙板是一种由实木基材加工而成的板材，具有环保自然、不变形、使用寿命长的优点。欧式空间中的实木护墙板通常质感厚重，与欧式风格空间的华丽气质极为搭配。并且，护墙板造型多样，使墙面更有立体感。

△ 实木护墙板质感厚重，符合欧式风格空间尊贵华丽的气质

6.2.11 中式风格墙面设计

◎ 仿古窗格装饰

仿古窗格造型多样，有正方形、长方形、八角形、圆形等。同时，雕刻的图案内容丰富，包括很多中式传统吉祥图案。在实际运用时，一般把窗格贴在镜面或玻璃上，并且以左右对称的设计造型为主。

△ 仿古窗格与镜面结合设计的造型是传统与现代的完美融合

◎ 手绘墙纸装饰墙面

古典图案的手绘墙纸是中式风格墙面永恒的装饰主题，常被用在沙发墙、床头墙以及玄关区域的墙面，将传统文化融入空间里。在绘画内容上，除了水墨山水、亭台楼阁等图案，常见的还有花鸟图案的手绘墙纸，其绘画题材以鸟类、花卉等元素为主。

△ 竞相开放的鲜花以及栩栩如生的小鸟，组成了一幅极为生动的画面

◎ 硬包装饰墙面

中式风格的墙面一般选择布艺或者无纺布硬包，这样不仅可以增强空间的舒适感，同时在视觉上柔和度也更强。此外，还可以在中式风格的空间中，选择使用刺绣硬包装饰墙面。

△ 浮雕刺绣硬包更具立体效果

△ 浮雕刺绣硬包更具立体效果

△ 高级灰布艺硬包作为墙面背景，形成古朴幽雅的中式美学“语言”

◎ 木饰面板装饰墙面

中式风格中，木饰面板常常运用在电视背景或卧室床头等墙面。选择光泽度好、气质淡雅、纹理清晰的木饰面板作为墙面装饰，有助于突显出中式风格优雅端庄的空间特点。酸枝木、黑檀、紫檀、沙比利、樱桃木等木饰面板都是很好的选择。

△ 大面积深色木饰面板打造出典雅的空间，体现出中式传统文化追求古朴自然的特点

◎ 吉祥纹样装饰

吉祥纹样在中式风格的装饰艺术中，是极具魅力的一部分，因此常作为艺术设计元素，被广泛地应用于室内装饰设计中。例如，使用回纹纹样的装饰线条装点墙面，不仅大方稳重，不失传统，而且让能室内空间更具古典文化的韵味。

△ 回纹纹样是中式风格墙面极为经典的装饰要素之一

△ 花开富贵是中国传统吉祥图案之一，反映了人们对美满幸福生活、富有和高贵的向往

△ 松柏纹样取其能顶风傲雪、四季常青的特征，寓意长寿

◎ 留白手法设计

在中式风格墙面上设计大面积的留白，不仅体现出中式美学的精髓，而且透露出中式设计的淡雅与自信。此外，将留白手法运用于新中式风格墙面设计中，可减少空间的压抑感，并将观者的视线顺利转移到被留白包围的元素上，从而彰显出整个空间的审美价值。

△ 大面积留白的处理给人留下遐想的空间，更强调了艺术意境的营造

6.3

地面设计

Interior decoration Design

6.3.1 现代风格地面设计

◎ 玻化砖铺贴

大多数简约风格客厅的地面会选择铺贴玻化砖，因为它耐磨、明亮，易清洁。一般选择浅色的玻化砖，比如白色、浅米色、纯色或略带花纹等。选择纯色更能体现出高雅的气质，但是纯色不耐脏，需要经常清洁。工作繁忙、空闲时间不多的业主，最好选择略带花纹或颗粒的地砖。

△ 餐厅、客厅以及过道等公共空间的地面宜采用玻化砖，这样不仅美观、耐磨，而且易于清洁

△ 黑白色地砖跳格子铺贴的地砖富有灵动感

◎ 以跳格子方式铺贴地砖

在比较大的空间里，地面铺贴同一种款式的地砖显得比较单调无味，可以选择同一款式但不同颜色的地砖进行铺贴。这样的铺贴方式有很多种，最常见的是以跳格子方式来铺贴。

◎ 实木复合地板铺贴

若不喜欢强化木地板生硬的外观，又觉得实木地板难以挑到合适的木纹与颜色，把实木复合地板应用在现代风格家居空间是一种不错的选择。颜色上可以选择淡黄色、浅咖色，如果选择传统的木褐色，则应尽量选择木纹较浅的实木复合地板。

△ 实木复合地板不仅性价比高，而且保留了实木地板的自然木纹和舒适的脚感

6.3.2 乡村风格地面设计

◎ 暖色系仿古砖铺贴

选择暖色系仿古砖，可以为乡村风格的家居空间营造自然温馨的氛围，而且温暖的色泽能让家居环境显得高雅温馨。若木材元素与暖色仿古砖同时运用，则可以营造出既刚硬大气，又朴实自然的空间装饰效果。

△ 暖色系仿古砖是乡村风格空间最常用的地面铺贴材料

◎ 仿古地砖拼花

仿古地砖拼花可营造优雅美式乡村的田园氛围，需要注意的是，在施工时要对拼花进行保护，由于现在一般拼花多为水刀切割，费用较高，耗砖材比较多，所以细心是最重要的，要使拼花缝均匀，不能出现错位，最后用底板固定，而后整板铺贴。

△ 仿古地砖四角做拼花造型的铺贴方式

◎ 实木地板铺贴

一般来说，乡村风格的卧室、书房的地面常铺设木地板，这样能凸显乡村风格的温馨质感。实木地板的色调与木纹可根据空间的风格进行选择，深色或纹理粗犷的类型能带来稳重感，浅色则能呈现柔美舒适的效果。

△ 实木地板通常运用在乡村风格的卧室、书房等私密空间中

6.3.3 中式风格地面设计

◎ 仿古地砖铺贴

仿古地砖有着独特的古典韵味，并具有中国历史的厚重感。在中式风格地面铺贴仿古地砖，能营造出独具一格的怀旧氛围，不经意间也凸显出中式家居的格调与品位。

△ 中式风格地面常用灰色仿古砖表现古朴自然的禅意

△ 运用中国传统韵味的拼花图案渲染古风意境

◎ 传统图案拼花地砖

梅花、云纹、回纹等极具中国古典特色的拼花地砖是中式风格空间常见的地面装饰材料，常运用于过道、玄关等区域。传统拼花图案经过合理地设计，将地面瓷砖拼花装饰效果显示出来。

◎ 木地板铺贴

中式风格地面通常选择红色、棕色等深色木地板，如花梨木、香脂木豆、柚木等。现代中式地面也可选择实木复合地板，以棕色的表面为主，特点是纹理古朴自然。

实木的质感让室内环境趋于祥和、舒适，更让居住者感受到中式风格带来的柔和之美。

△ 棕色地板与墙上的中式字画形成完美搭配

6.3.4 欧式风格地面设计

◎ 深色实木地板铺贴

为了体现欧式风格的厚重感，通常选择较深颜色的实木地板，且地板的纹理要丰富。实木地板一般不铺设在欧式客厅中，多铺设在卧室、书房等空间。这主要是因为欧式家具的金属材质比较多，容易划伤实木地板。

△ 拼花实木地板

◎ 地面拼花

欧式风格空间的地面拼花可以用多种材料来实现，最常用的是瓷砖，即用不同纹理样式的瓷砖拼接而成。大理石拼花价格昂贵，可营造出一种华丽、高端的感觉。此外，拼花实木地板也是欧式风格中常用的地面装饰材料。

△ 拼花地砖

◎ 双层或多层波打线

在简欧风格空间中，地面拼花不会太复杂，基本只有几种常见的样式，如两种不同颜色地砖的菱形铺贴，在房间的四周设计波打线，或者围绕着沙发设计拼花造型以代替地毯等。

△ 双层或多层波打线

6.4

隔断设计

Interior decoration Design

6.4.1 吊顶隔断

利用吊顶的高低落差在视觉上划分空间，是常见的隐形隔断方式之一，能为空间增添一定的艺术感与层次感。但这种设计手法对空间的层高要求较高，如果层高不足，被抬高的区域会让人觉得很压抑。

此外，还可以使用不同高度的吊顶来划分空间，比如，在两个相连的功能区设计不同造型、不同厚度的吊顶，这样不仅能划分空间，而且有着极好的装饰效果。

△ 利用吊顶的造型和厚度的区别分隔功能空间

△ 利用过道上方的木质吊顶，把没作硬性隔断划分的客餐厅分隔开来

△ 正方形的玄关可通过吊顶造型与地面的呼应，划分出一个独立的门厅空间

6.4.2 柜子隔断

柜子隔断既能承担家具的功能，又能起到隔断居室的作用，是室内最简单的隔断，例如，在客厅与餐厅之间，放置一个柜子，除了在视觉上隔开两个空间，还具有收纳的功能。但在挑选柜子时，要注意其高度，应以人坐下时刚好能遮住视线为宜。如果能在旁边搭配一些绿色植物，效果会更明显。面积小或者不太通透的房间，特别是小户型最适合用这种隔断方式。

利用柜子做隔断时，应注意其摆放位置的合理性，要做到既让空间分布达到平衡，在充当隔断的同时又不会显得刻意和突兀。

在家居空间中，柜子不仅具有实用性和装饰作用，而且经过合理的布局设计，还能起到很好的隔断效果。如果想要分隔面积较大的卧室空间，可以考虑利用衣柜作为隔断，这样不仅满足了卧室空间的收纳需求，而且起到了划分空间的作用。

△ 既实用又起到分隔空间作用的隔断柜

6.4.3 层架隔断

层架隔断分为固定式和灵活式两种，可以根据实际需要和审美特点进行选择。层架隔断具有实用性，其搁置层具有强大的收纳功能，不仅起到装饰摆设作用，又具有隔断作用。但应注意其色调、材质以及造型设计与整体风格的搭配。通常，木质层架质感温和厚重，比较适合欧式风格和中式风格；金属材质的层架冷硬前卫，比较适合时尚感强烈的现代风格。

△ 固定式层架

△ 灵活式层架

6.4.4 灯光隔断

灯光隔断是依靠照明器具，或者不同的光源以及亮度，在视觉分隔空间。利用灯光作为隔断的设计手法不仅实用，而且极具美感。

此外，还可以通过灯饰的搭配来区分空间，比如，在客餐厅一体的空间里，为两个功能区搭配不同风格、不同颜色、不同造型的灯饰，再加上吊顶的设计，不仅完美地划分出空间，还能让家居空间更富层次感。

△ 现代风格空间适合将线性灯光作为两个功能区之间的隐形隔断

△ 隐藏的灯带散发出的暖色灯光形成了一个隐形隔断

6.4.5 地面隔断

地面隔断是一种最简单、最直接的隔断，使用不同的地面材料来装饰不同空间的地面，从而起到隔断空间的作用。居住者可以使用不同花色的瓷砖或地板来分别铺贴客厅与餐厅的地面，也可以直接铺贴地砖边线，这样不仅能够起到空间隔断的作用，还增强了地面瓷砖的层次感。另外，还可以在居室的入口处放置一块地毯，划分出玄关的位置。

△ 利用过道地面拼花划分功能区

地面不同材质的交叉铺设，不仅能够很好地将不同功能空间进行划分，还增强了地面的丰富性，提高了美观度。在进行具体施工时，要根据材料的物理和化学特性，选择恰当的收口方式。既要保证收口美观与完整，又要体现出两种材料的对比美感。

△ 利用地面材质的区别划分出厨房与外部空间

6.4.6 吧台隔断

吧台一般设计在餐厅、厨房以及客厅之间。其打破了传统家居设计一成不变的格局，不仅能为家居空间营造小资情调，还能作为两个功能区之间的隔断。合理的吧台设计不仅需要考虑到家人的生活方式、用餐习惯，还要符合整个房间的设计风格。此外，需要注意的是，在进行吧台设计时，应将其视为整个空间的一部分，以提高家居空间的完整性。

△ 集备餐、休闲及分隔空间于一体的多功能吧台隔断

如果家居空间面积较大，可以考虑将吧台设置在休闲区，以提升休闲区的空间使用率。除此以外，还可以将吧台设置在日常久坐的地方，例如客厅电视的对面。

△ 吧台结合隔断造型的设计富有装饰性和功能性

6.4.7 木花格隔断

在一些需要保证视线穿透度的区域，就可以采用木花格隔断。木花格有很多种款式可供选择，基材有密度芯和实木芯等不同的板材。相比于密度板，实木更加自然生动，所以价格略高，在选择的时候要特别考虑环保性。密度板雕刻而成的白色花格不仅造型优美，而且价格相对便宜。

注意，雕花最好和室内的风格相呼应，制作时最好选择亚光油漆，避免短时间内出现泛黄的情况。

△ 实木木花格

Interior decoration

Design

第 7 章

家居装修施工工艺

7.1

水电工艺

Interior decoration Design

7.1.1 水电施工前的准备工作

比起表面的装饰，隐藏工程的质量更为重要。家装水电施工图非常烦琐，顶面和地面到处是错综复杂的电路、水管。水电工程对家居生活的安全起到决定性作用。

◎ 室内墙体拆除或重建规划完成
◎ 家具以及电器的规格、位置基本确定
◎ 顶面使用的灯具种类已经确定
◎ 灯具的平面布置图、造型及位置已确定
◎ 其他个性化需求已满足
◎ 确定厨房的各种插座及灯具的位置
◎ 确定住宅的供热水方式（是燃气供热水、电热水器还是其他供热方式）
◎ 确定热水器的规划、尺寸以及浴缸的种类（普通浴缸还是按摩浴缸）
◎ 提前预约水电工程师上门规划以准确确定位置，并做出工程量预算

7.1.2 水电施工的常用术语

在水电施工中，经常听到一些术语，如槽线、内丝、外丝、强电、弱电等，了解它们的含义，能够更轻松地理解水电施工知识。

常用术语	具体解释
开槽线	也叫打暗线，用切割机或其他工具在墙里打出一定厚度的槽，将电线管、水管埋在里面
内丝、外丝	水管配件的螺纹丝口分为内丝和外丝两种，内丝是指螺纹丝在配件里面，而外丝是指螺纹丝在配件外面
暗管、暗线	指埋设在墙内的管路和电线
强电、弱电	强电是动力电，如开关、插座的接线；弱电指信号线，如电视线

7.1.3 水路施工的步骤

家装水路改造的步骤：定位→弹线→开槽→管线安装→打压测试→封槽→二次防水，其中，定位是最为关键的步骤，对后期的工程质量有重要的影响。

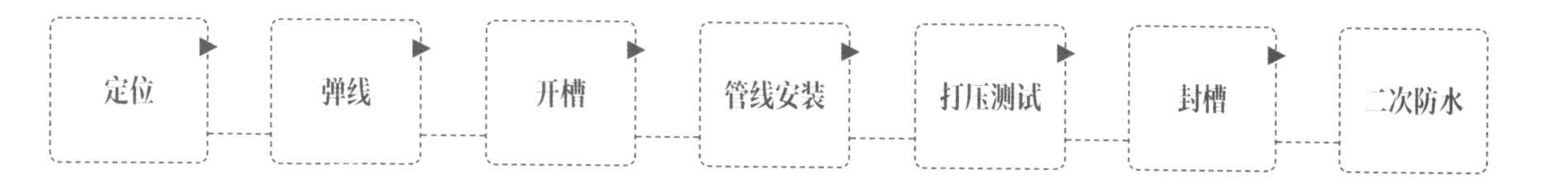

步骤	施工内容
定位	明确一切用水设备的尺寸、安装高度及摆放位置，避免影响施工进程及水路施工要达到的使用效果
弹线	弹线是为了确定线路的敷设、转弯方向等，对照水路布置图在墙面、地面画出准确的位置和尺寸的控制线
开槽	开槽是用墙壁开槽机，根据画线的走向，在墙面和地面上打出槽线，以方便埋设水管管路
管线安装	开槽完成后，根据冷、热管线的分布情况和排水管的走向开始布管
打压测试	管路安装完成 24 小时后，需要用打压泵对管路进行打压测试，若没有出现渗漏现象，则证明管路安装合格
封槽	管路测试完成后，需要对槽线进行封闭处理，用水泥砂浆将槽路填满，目的是将管线与后期铺砖的干沙隔离开，避免管线散热导致瓷砖开裂
二次防水	完成所有步骤后，对于用水的空间，如卫浴间和厨房，要进行二次防水处理，避免用水时渗漏到楼下

7.1.4 电路施工的步骤

家装电路改造的施工步骤：定位→画线→开槽→管线安装→测试电路→安装配电箱→安装灯具→调试系统。其中画线和开槽的步骤与水路操作方式相同。

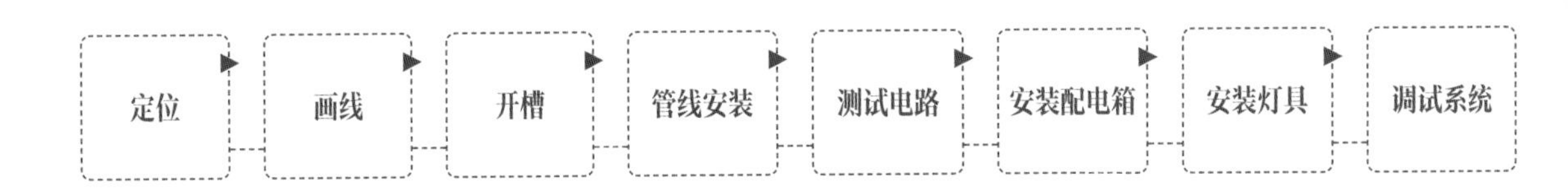

步骤	施工内容
定位	明确各种用电设备，设施(如洗衣机、灯具、电视机、冰箱、电话等)的数量、尺寸、安装位置，以免影响电路施工进度与今后的使用
画线	画线是为了确定电线布线的线路走向，中端插座、开关面板的位置，在墙面、地面标示出其明确的位置和尺寸，以便于后期开槽、布线
开槽	开槽是用墙壁开槽机，根据画线的走向，在墙面和地面上开出槽线，以方便埋设电工套管和电线
管线安装	开槽完成后，就开始埋设管路，将管路按照画线的路径将长度截断并进行整体连接，同时进行穿线、连线
测试电路	在完成布线后，要对整体线路进行测试，检查是否有接错或者线路不通的情况，如发现要及时处理
封槽	管路测试完成后，需要对槽线进行封闭处理，用水泥砂浆将槽路填满，目的是将管线与后期铺砖的干砂隔离开，避免管线引起瓷砖的热胀冷缩而导致开裂
安装开关、插座和灯具	这一步需要在装修工程全部结束后进行，先安装开关和插座，再安装灯具，通电测试后，电路施工才算全部完成

7.2

木工工艺

Interior decoration Design

7.2.1 吊顶木龙骨施工

◎ 首先确定吊顶的高度，用冲击钻在墙顶的水平线上打眼，钻头大小一般为 1.2cm × 1.2cm，为了保证龙骨的稳固性，孔眼间距应保持在 30cm 左右。

◎ 木龙骨通常采用木楔加钉来固定，由于木楔有干缩现象，易造成固定不牢，所以，特别要注意垂直受力情况。木楔子一般用落叶松制成，它的木质结构紧密，不易松动。

◎ 按墙顶的水平线钉木龙骨。木龙骨一定要钉好，如果歪斜，整个木龙骨外框都会随之歪斜，应用美固钉加固木龙骨。

◎ 按图纸钉好木龙骨外框后，再次测量吊顶龙骨做得是否平直，如果不平直就要进行修改。龙骨的位置一定要合理，否则安装射灯的时候容易打到龙骨。

◎ 封饰面板一定要用干壁钉，防止钉子生锈松脱。要用建筑线衡量吊顶是否水平，若不平，则进行调整。像弧形等特殊造型，需要两个人一起作业。

◎ 饰面板朝向要一致，接缝须均匀、美观，不得有缺棱掉角、锤印等缺陷。干壁钉上要涂刷防锈漆。第一遍涂完，等晾干后再涂第二遍，保证每个干壁钉都涂刷到位。

7.2.2 地板木龙骨施工

◎ 根据房间窗户主光线的射入方向和客户的要求，确定木龙骨安装方向，木龙骨安装方向应和地板呈十字垂直状态。

◎ 根据木龙骨的长度模数和地板的长度计算木龙骨的间距，并在地面上画线标明。为保证地板铺装结实，应确保地板接缝都在木龙骨上。木龙骨之间的间距应≤ 40cm。

◎ 根据木龙骨的长度，合理地把木龙骨安装在地面上，要求电钻打孔的孔间距≤ 30cm，孔深度≤ 60mm，以免击穿楼板。用直径大于电锤钻头的木塞或水泥钢钉固定木龙骨。

◎ 安装木龙骨时，必须采用专用木龙骨钉固定，不允许用水泥或者水建筑胶来固定，以免污染环境。

◎ 在安装木龙骨时，木龙骨两头之间应保留≤ 5mm 的间距，以防止热胀冷缩引起木龙骨的变形。同时，木龙骨与墙之间也应该保留一定的伸缩缝，长度在 8~12mm 为宜。

木龙骨安装后必须保证水平。如果木龙骨和地面之间有缝隙，可以把剩余的木龙骨劈成小块来垫实。如果木龙骨自身不水平，就要用工具刨平或者垫平木龙骨头端。安装好后，木龙骨表面的平整度达到每 2 米的误差≤ 3mm 的标准。

7.2.3 木隔墙施工

木隔墙不像砖砌隔墙那样会弄脏施工环境，施工时，首先用一根根木质角材立出骨架。骨架是支撑木隔墙的重要结构，按照墙面的高度和宽度比例、是否吊挂重物等调整角材的间距，间距越密，结构力越强。隔墙一般都选用边长为 4.57cm 的角材；其次是填塞隔音材料。在填充隔音材料之前，要先封背板，这样材料不会掉出来。将白胶涂在骨架上，再贴上背板，并以钉枪固定。若要提升隔音效果，可在铺硅酸钙板之前，先上一层夹板；最后是封板。需要注意的是，板材之间要留缝间距，使后续的油漆、刮腻子得以顺利进行，若缝隙太小，墙面容易产生裂痕。

7.2.4 木作柜子制作

柜子使用木芯板做层板、隔板，要注意木芯板条的方向，避免载重变形。柜内隔板插栓的两侧要对称，要预留足够的间距，避免层板置入不便或载重后剥落。衣柜、高柜等需载重的柜子在着钉、胶合以及锁合的时候，都要细致施工，避免因变形而缩短使用寿命。上下门板要整片式结合，纹路的方向要一致，且比例的切割要对称，避免拼凑。轨道门板在设计时，要注意门板重量，以及上下固定动线，以免影响使用。

△ 定制木作柜子

木作柜子制作的重点在于侧面结合方式。侧面结合梁柱或其他柜子，安装时都要小心，避免刮伤。

7.2.5 木门套制作施工

◎ 用红外线水平仪在墙上标出一条水平线，以便安装门套时校准水平，然后根据门洞的尺寸，测量出门框固定的位置，用墨斗弹拉出垂直线，一侧门洞要画两条垂直线。尺寸测量好后，在两侧的垂直线上用冲击钻钻孔，两排间孔的规范距离应是上下间隔 400mm，深度为 40mm 左右。然后用铁锤往孔中逐个钉入小木楔，注意控制敲打时的力度，以免造成不必要的损伤。

◎ 测量出门框的尺寸，根据尺寸规格将细木工板用电锯锯开，开出所需要的门框板料，然后用刨刀对板料的边角进行刨平。将刨光好的门框材料按照已经测量好的尺寸进行拼接，在板料的接合处用罗纹圆钉进行固定，固定时要注意门框的角度，最后对门框表面进行修整。

◎ 将门框放到门洞处，以墙面的水平线为准在门框下垫木块，根据铺地板或地砖的不同需要预留缝隙。根据门洞上小木塞的位置在门框上面先钉入一根钉子，然后用靠尺线锤来测量门框的垂直度，依靠梯形木塞来调整并逐步敲入圆钉。安装门框时，钉子不能一步敲到位，这关系到门框的水平度和垂直度调整，等完全调整好之后才能全部固定。接下来根据门的宽度计算门挡的尺寸，用九厘板开出板料，按照垂直线用蚊钉固定并用实木收口条进行收口。最后用锯刀锯掉调整水平度的木塞的多余部分，并用刨刀刨平。

◎ 根据门档的尺寸开出饰面板的尺寸，用刨刀修整好饰面板的边角。在饰面板与门挡板上均匀地涂刷万能胶水，等到表面干燥（用手触摸已经不黏手），就可以装贴了。将饰面板对准门挡的边角，整齐地铺上去。用一个平整光滑的木块垫着，拿锤子轻轻地在整个平面上敲打一遍，以加大两者之间的黏合度，并打上蚊钉。

◎ 在门框的正面由里向外留出 1cm 的位置，并做上标记，切好的木线条将按照此标记进行安装，这种做法既提高了施工效率，还会使整体门套更加美观。木线条的拼接方法有直角和斜角两种，如果是平板木线条，一般采用直角的拼接方式；如果是有花纹的木线条，则采用 45 度斜角拼接的方式。

△ 木门套混漆刷白

门套制作施工流程

7.3

泥工工艺

Interior decoration Design

7.3.1 大理石施工

大理石属于中硬石材，应用于室内，需要进行表面二次晶化处理。另外，一些浅色、容易受污染的石材在铺贴时应作相应防护处理。为避免出现浅色大理石泛色、水渍及带背网的大理石的空鼓问题，建议使用专用大理石黏结剂。为提高大理石的使用率，尽可能按照不同石材的大板规格设计尺寸比例，以降低损耗。建议切割前，先用大板的真实高清照片做蒙太奇，以检查纹理衔接是否符合设计标准。

常见的大理石施工方式分为干挂法、湿铺法两种。相对于湿铺法来说，干挂施工可以提高工效，减轻建筑的自重，克服水泥砂浆对石材渗透的弊病等。

△ 天然大理石的纹理宛如一幅浑然天成的水墨山水画

大理石干挂施工流程

大理石湿铺施工流程

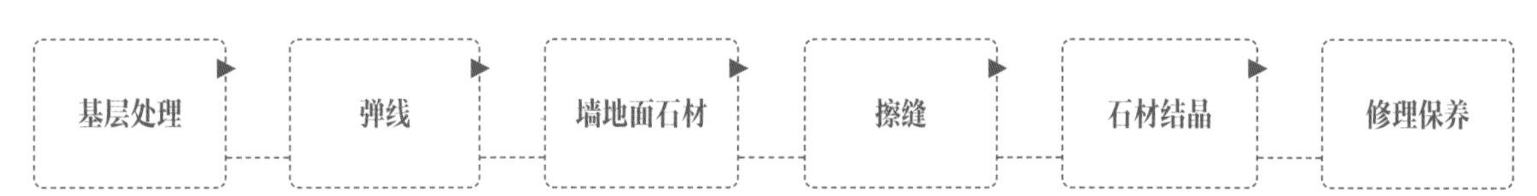

7.3.2 文化石施工

在制作文化石背景墙时，要先设计好背景墙的样式，并确定文化石的铺贴方向。在施工前，务必确认墙体的含水量是否符合施工要求。如果墙体太干燥，文化石会直接从砂浆和灰缝材料中吸水，导致施工强度不足，从而出现文化石掉落的现象。因此在施工前，墙体与文化石都要先进行一定的湿润处理，铺贴时尽量使用黏结剂进行。

在铺贴文化石背景墙前，应先在地面摆一下预期的造型，调整整体的均衡性和美观性，例如，小块石头要放在大块石头旁边，每块石材之间颜色搭配要均衡等。如有需要，还可以提前将文化石切割成需要的样式，以达到最完美的装饰效果。

△ 文化石墙面

△ 在铺贴文化石背景墙前，应先在地面摆一下预期的造型

基层为毛坯或水泥墙面

直接用专用黏结剂贴砖，根据文化石的颜色使用不同颜色的黏结剂和勾缝剂，如白砖用灰白色、红砖用灰白色或黑色。

基层为木板、石膏板等墙面

施工前需把光滑的表面刮花 80%，然后用大理石胶或者热熔胶粘贴，最好用两种胶：大理石胶涂中间，热熔胶涂四角。

7.3.3 微晶石施工

微晶石的图案丰富、风格多样，因此施工时，其型号、色号和批次等要一致。铺贴造型一般用简约的横竖对缝法即可，建议绘制分割图纸并进行现场预演铺贴，找到最合适的铺贴方案后再进行施工。

因无孔微晶石的硬度高、致密度高且较重，在搬运、摆放时都要小心轻放。底下要垫松软物料或用木条支撑，不能直接放在地面上，更不能让边角接触地面进行移动。同时，无孔微晶石的安装，有别于传统镶贴施工方法，因此最好选择专业的施工队伍进行施工。

此外，微晶石瓷砖由于比较重，如果规格较大，直接用一般方法铺贴上墙，可能从墙上掉下来。因此建议调制混合胶浆（如将AB胶和玻璃胶/云石胶混合）进行铺贴。这种混合胶有很强的吸附力，而工人在调制时有一定的时间可以做粘贴调整。需要注意的是，调好的胶浆应在4小时内用完。

△ 微晶石墙面

△ 复合微晶石

△ 通体微晶石

△ 无孔微晶石

在购买微晶石前要先确定好室内的整体装饰风格，然后选择图案、颜色相对应的微晶石，以免因选择错误带来较大的突兀感，从而达不到想要的装饰效果。此外，建议选择口碑比较好的微晶石品牌，因为一二线品牌的产品，在质量上和生产监管上要求都比较严格。

7.3.4 地砖施工

◎ 一般的二手房翻新或者精装房重新装修，地面铲掉原有装修层后会变得坑坑洼洼。在铺贴新的地砖前，需要对原有的地面进行修补填平，使新铺上的地砖装饰效果更好。填平后的地面需要进行清洁，清除地面多余的垃圾以及灰尘，让地面保持清洁干爽即可。

◎ 铺贴前需对拆封的地砖进行浸泡。由于地砖有许多小孔，这些小孔的吸水能力较强，直接铺贴干燥的地砖，容易吸收水泥砂浆中的水分，导致贴合度降低。所以有必要让这些小孔吸饱水，浸泡至不再产生气泡，晾干后再进行铺贴。

◎ 将地面找平后整理洁净，均匀铺上一层 1 ：3 配比的水泥砂浆，并用铁铲和抹灰刀填平，通常砂浆的厚度为 3~4cm。这种方法称为干铺。通常平铺法适用于铺设客厅大尺寸的地砖，如 1m × 1m 的规格。如果地砖尺寸为 800mm × 800mm，可在干铺的基础上再运用湿铺的方法。将 1 ：1 混合好的水泥砂浆均匀涂抹在地砖的背面，然后将地砖覆盖在预铺的地面上。

◎ 水泥砂浆填平后，在距离地面 5cm 的位置放一条平衡于墙面的线，沿着直线铺贴地砖，并不断调整地砖的方位，使之与墙面或周围的瓷砖对齐。

◎ 铺贴地砖时，地砖之间需留缝，缝宽约为 1~1.5mm，避免因为热胀冷缩导致地砖互相挤压而出现裂缝。不断用橡皮锤敲击砖面，查看水泥与细沙的贴合状况，出现空鼓现象的要重新填入水泥。此检查必须反复做，直至敲击无空洞响声时，再用水平尺检查地砖的平整度。

△ 白色玻化砖地面具有膨胀感，并且给人空间拔高的视错觉

△ 拥有天然石材纹理的玻化砖具有较强的装饰感

地砖铺贴施工流程

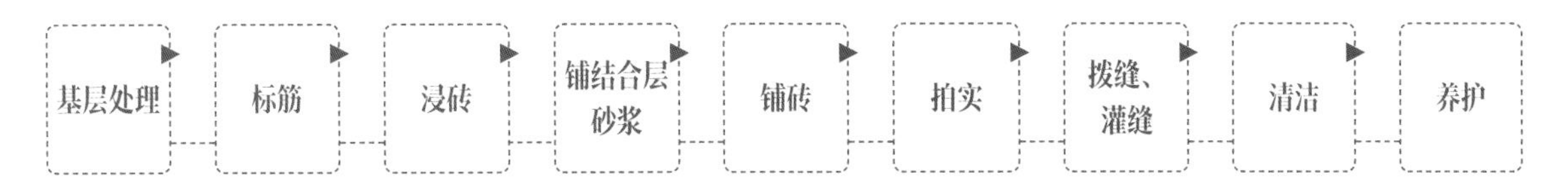

7.3.5 马赛克施工

在现代风格空间中使用马赛克装饰墙面，能够起到营造和活跃空间氛围的作用。铺贴马赛克有两种方式，一种是胶粘，其具有操作便利的优点。另一种是水泥以及黏结剂铺贴，其最大的优点就是安装较为牢固，但要选择适当颜色的水泥。

△ 马赛克墙面

为了达到完美的装饰效果，在铺贴马赛克前必须将墙面处理平整，并且对准直缝进行铺贴，如果线条不直，就会严重影响美观。此外，由于马赛克的密度比较高，吸水率低，而水泥的黏合效果没有马赛克专用胶粉好，铺贴后无法保证其牢固度，因此，在铺贴马赛克的时候最好使用专业的黏结剂。如果需要铺贴在木板打底的背景上，就只能用硅胶。在铺贴完马赛克 10 小时后，便可以开始进行填缝。填完缝后应用湿润的布擦净线条外的残留物，要注意不能用带有研磨剂的清洁剂、钢线刷或砂纸来清洁，通常使用家用普通清洁剂洗去除胶渍或污物即可。

马赛克的材质种类较多，在铺贴前应和专业厂商沟通，使用合适的黏结剂及填缝剂，以免出现施工质量及影响美观。装饰马赛克时要注意有序铺贴，施工时一般从阳角部位往两边展开，这样便于后期裁切，反之，裁切起来就会很麻烦。

7.4

油漆工艺

Interior decoration Design

7.4.1 木作清漆施工

木作清漆粉刷后，会在表面形成透明的保护膜，可能带一点颜色，更多的是无色，涂刷完毕后能够清楚表现木材的自然纹路。业主可以根据实际需求选择不同光泽度的家具。同时木作清漆还能阻止污物及水直接进入木材纤维中，减少木材水分蒸发。

清漆施工工艺的第一步是上着色油或调色油，该步骤并非必不可缺的，工程如果没有变色要求，则不需要这道工艺；第二步是在底漆的基础上涂刷第一遍清漆，待清漆晾干之后清扫表面的灰尘，然后用砂纸将表面打磨干净，刷第二遍清漆；第三步是待漆干透之后用腻子将木器上的疤痕、钉眼等覆盖住，然后用砂纸打磨光滑，接着刷第三遍清漆；第四步是待清漆干透后，进行打磨，再涂刷第四遍清漆；第五步是用湿布将木器表面擦拭干净，然后用砂纸湿水打磨，再刷第五遍清漆即可。

△ 清漆工艺墙面

木作清漆施工流程

7.4.2 木作混油施工

混油工艺是指油漆工人在对木材进行必要的处理（例如修补钉眼、打砂纸、刮腻子）后，再喷涂有颜色的不透明油漆。混油主要表现的是油漆本身的色彩及木材阴影变化的装饰效果，对于木质要求不高，夹板、软木、密度板等表面均可使用混油装饰。

混油施工之前，首先需要将表面清理干净，用腻子抹平，然后用砂纸打磨光滑，待腻子干透后即可开始刷第一遍漆，然后漆干透后继续用砂纸打磨，并修复有缺陷的地方，接着再刷第二遍漆，继续打磨，完成之后刷最后一遍漆即可。

△ 混油工艺墙面

△ 混油工艺木门

木作混油施工流程

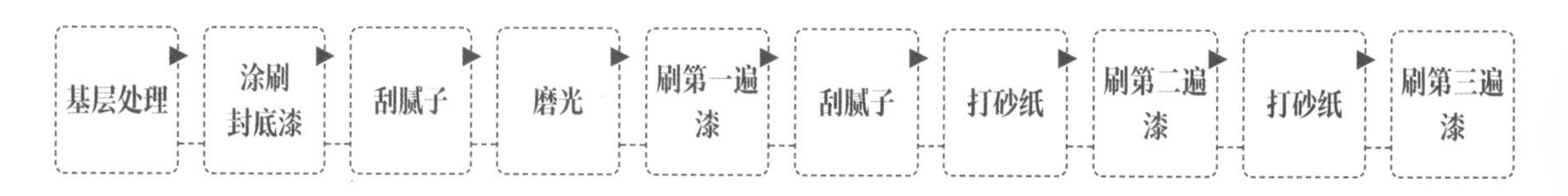

7.4.3 乳胶漆施工

刷漆前首先要对墙面进行打底的基础处理。如果墙面有凹凸不平的地方，要将其抹平；如果墙面上有污渍、灰层积压，应第一时间清理干净；如果墙上有一些早期留下的钉眼，就要用腻子抹平。清洁完毕之后，需待墙面干燥再进行施工。

其次按照一定的比例用清水兑乳胶漆，混合比例在 20%~30% 左右。如果水太多，乳胶漆的黏稠性就不好，无法成膜。用木棍将水和乳胶漆搅拌均匀，放置 20 分钟左右。这是为了消除水中的气泡，如果不等消泡就刷墙，墙面上会出现小气泡。乳胶漆备好后，可以将施工工具浸润一下。尤其是毛刷，浸润可让毛保持合适软度。滚筒也可以事先浸润一下，这样便于蘸漆。

如果业主选择自己刷乳胶漆，推荐采用一底两面的刷漆方式。先刷底漆，让其起到一个改善墙面表层属性以增强墙面吸附力的作用，之后再上漆，这样效果会更好。在施工时，如果觉得墙面不够细腻，仍然有一些小颗粒，可以用 600 号的水砂轻微地清理一下墙面。刷完第一遍乳胶漆之后，隔 2~4 小时再刷第二遍，如此反复操作。如果没有看时间，可以用手指去压一下，感觉没有黏稠感时，就可以再次上漆了。

△ 乳胶漆墙面

乳胶漆施工流程

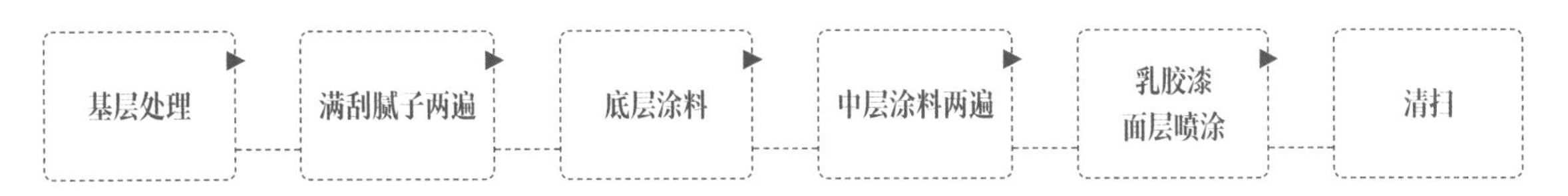

7.4.4 硅藻泥施工

△ 硅藻泥墙面

硅藻泥需要现场批嵌打磨好之后再施工，施工前应先将墙面的灰尘、浆粒清理干净，用石膏将墙面磕碰处及坑洼缝隙等填平。对于硅钙板墙面，要先将硅钙板的接缝处进行嵌缝处理。在施工时，要先把硅藻泥的干粉加水进行搅拌，再先后两次在墙面上进行涂抹，加水搅拌后的硅藻泥最好当天用完。待涂抹完成后，再用抹刀收光，最后用工具制作肌理图案。图案的制作时间一般较长，而且部分图案在完成后需再次收光，以确保图案纹路的质感。

硅藻泥施工纹样通常有如意、祥云、水波、拟丝、土伦、布艺、弹涂、陶艺等。

△ 如意

△ 祥云

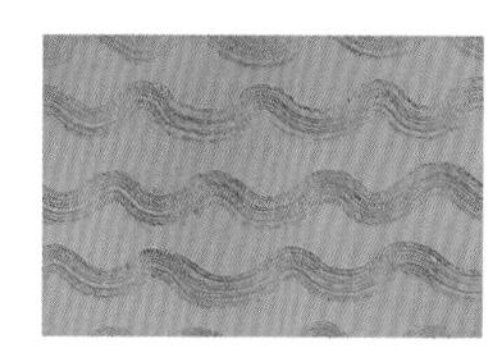

△ 水波

△ 拟丝

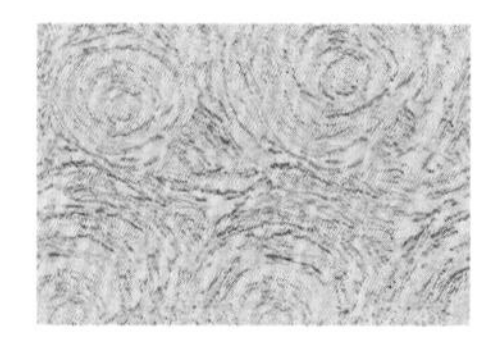

△ 土伦

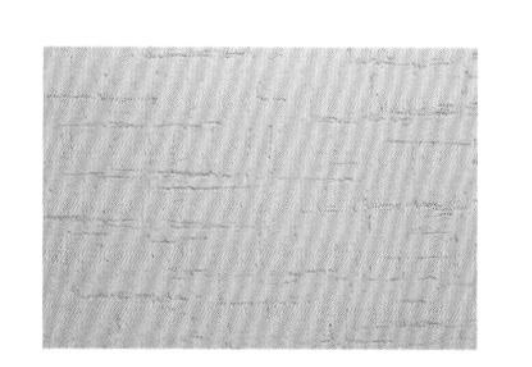

△ 布艺

△ 弹涂

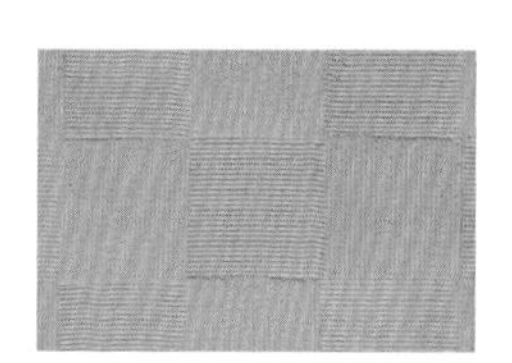

△ 陶艺

硅藻泥分液状和浆状两种，液状硅藻泥与一般的水性漆一样，可自行处理。硅藻泥施工后需要一天的时间才会干燥，因此有充分的时间来进行不同的造型。具体的造型可向商家咨询，并购置相应的工具，用刮板和铲刀就能做出很多造型。浆状硅藻泥有黏性，适合做不同的造型，但是施工的难度较大，需要专业人员来进行。

7.5

铺装工艺

Interior decoration Design

7.5.1 墙纸施工

◎ 一般来说，一卷墙纸的面积为 5.3m^2，但是进行粘贴时会有损耗，所以需根据墙面大小多备一些。

◎ 最基本的粘贴工具有胶水、毛刷、挂板、海绵或毛巾、裁刀、尺子、绷带以及石膏粉等。先将墙面上的涂料、墙纸等多余的东西去掉，如果墙面有坑坑洼洼的地方要及时进行填补和清理，然后进行打磨，让墙面更平整。

◎ 丈量墙面尺寸，根据墙面大小来裁剪墙纸，带花图案墙纸的裁剪应该根据墙面高度加裁 10cm 左右，作为上下修边之用，裁剪完成后编号，防止粘贴时顺序出错。

◎ 先在墙上均匀地刷一层基膜，然后刮腻子、打磨处理，以确保墙面平整光滑。这个步骤一般要持续两次，每次腻子晾干以后都要用砂纸磨一遍墙。

◎ 在墙面涂胶水的时候要注意所涂刷的宽度应大于墙纸宽度约 30mm，而在墙纸背面刷胶水之后要放置 5 分钟左右，这样干得快一点。贴墙纸时注意图案方向要一致，不能有明显色差。

△ 铺贴墙纸的墙面

计算墙纸用量时，首先应量出贴墙纸房间的周长和墙纸铺贴的高度，其次计算用量。通常，墙纸规格为每卷长 10m、宽 55m。先计算每卷墙纸能覆盖多少周长，随后将每卷的覆盖周长除以总周长，就可得出所需的卷数。计算门、床所占面积时，按门窗面积的 80% 计算墙纸用量，折合成卷数。将最多需要的卷数减去门窗用量数，就可得出实际需求量。这种计算方法适用于小花或无花墙纸的铺贴，如果是大花墙纸，就要适当增加卷数了。

7.5.2 软包施工

软包的颜色和造型十分丰富，可以是跳跃的亮色，也可以是中性沉稳色；可以是方块铺设，也可是菱形铺设。施工时除要考虑好软包本身的厚度和墙面打底的厚度外，还要考虑到相邻材质间的收口问题。

此外，在预埋管线的时候，要提前计算好软包的分隔以及分块尺寸，不要在软包的接缝处预留插座。插座位置最少应与接缝保持 80mm 左右的距离。否则，在后期施工的时候，就会出现插座无法安装或者插座装不正的问题。

∧ 传统的软包背景墙施工要先铺设好基层，再加上相同厚度的泡沫垫，最后用布艺或者皮革做饰面

软包施工时，要先在墙面上用木工板或九厘板打好基础，等到硬装结束，墙纸贴好后再安装软包。一般，软包的厚度在 3~5cm 左右，软包的底板最好选择 9mm 以上的多层板，尽量不要用杉木集成板或密度板，因为杉木集成板或密度板稳定性差，受气候影响比较容易起拱。

7.5.3 木地板施工

铺设方式	特点	适用种类	优缺点	铺装要点
打龙骨铺设法	以长木条为材料，按一定距离铺设的方式，特点是抗弯强度足够。龙骨的原料很多，使用广泛的是木龙骨、铝合金龙骨等	通常适用于实木地板的铺装	在地面钻孔，不会破坏地面结构	铺装时，在地面打眼，用小木块作地面找平，用美固钉固定木龙骨，后将地板固定在龙骨上。铺设完后，可将双脚踩在龙骨上，检查龙骨是否牢固，是否存在地面不平等现象
悬浮式铺设法	地板不是固定在地面上，通常是在地面上铺地垫，地垫带有锁扣、卡槽，将地板拼接成一体。目前常用的地垫材料是铺垫宝	通常适用于强化木地板和实木复合地板的铺装	铺设简单，工期短，易维修和保养；一般不会出现起拱、变形、局部损坏等情况。唯一的缺点是易受潮	对地面的平整度、干燥度要求高。当客厅的地面高度低于厨卫地面高度时，可用地暖找平，这样既解决了导热性问题，又解决了落差问题。如果是旧房装修，在原有地面上，更适合用此种方法铺设
直接粘贴铺设法	地板粘接在地面，安装快捷，要求地面干燥、干净且平整	通常适用于拼花木地板和软木地板的铺装，此外，铺装复合木地板时也可使用	安装快捷且美观，但对施工要求高，且易产生起翘现象	直铺地面须水泥找平，不会过多影响房子的层高，但造价更高。若用软木地板，建议在原基础上做砂浆自流平
毛地板龙骨铺设法	先铺好龙骨，上边铺毛地板，把毛地板与龙骨进行固定后，再将地板铺于毛地板上，提高了防潮能力，且脚感舒适、柔软	通常适用于实木地板、强化复合地板、软木地板等的铺装	防潮性能好，脚感舒适。但损耗较多，成本更高	毛地板铺在龙骨上，呈斜角 30° 或 45°。然后在毛地板上按悬浮式铺设法进行铺设

7.5.4 护墙板施工

护墙板一般可分为成品和现场制作两种。室内装饰使用的护墙板以成品居多，每平方米价格在200元以上，价格较低的护墙板建议不要使用，因为板材过薄会造成变形，并且有可能环境污染。成品护墙板是在无尘房刷的油漆，在安装的时候表面漆面可能会受损，如果后期再进行补救的话，容易出现色差。现场制作的护墙板虽然方便修补，但是在漆面质感上却很难做到和成品护墙板一样。

如果是成品护墙板，在厂方过来安装之前，要在墙面上用木工板或九厘板做好基层造型，再把定制的护墙板安装上去，这样不仅能保证墙面的平整性，而且可以让室内空间的联系更为紧密。

△ 护墙板墙面

如果在设计中出现护墙的造型，施工时要特别注意，一般在做完木工板基层处理后，要预留出踢脚线的高度，安装完护墙板后再把踢脚线直接贴在上面，踢脚线要压住护墙板，同时，门套要选择带凹凸的厚线条，门套线要略高于护墙板和踢脚线，这样的层次和收口更完美。这三者的关系一定要分清。

7.5.5 木饰面板施工

◎ 在施工之前，先对墙面进行弹线分格与基层处理等。按照设计图样尺寸在墙上画出水平高度，按木龙骨的分档尺寸进行弹线分格。基层处理方面，应对墙面进行找平，再做好墙面的防潮工序，并在安装时保持墙面干燥。同时，所有木料做好防火工序。

◎ 整片或分片将木龙骨架钉装上墙。钉装完后调整偏差。要求龙骨整体与墙面找平，四角与地面找直。调整好后每一块垫木、垫块，必须使之与龙骨牢牢钉合。

◎ 采用木工板进行基层打底，一方面使墙面的平整度更高，另一方面牢固度高且不易破损。

◎ 挑选色泽相近、木纹一致的饰面板拼装在一起。要求连接处不起毛边，使木纹对接自然协调。钉装时要求布钉均匀，注意对钉头进行处理，要求木饰面板整体光滑平整。

△ 木饰面板拼花造型

△ 木饰面板铺装的墙面

木饰面板施工流程

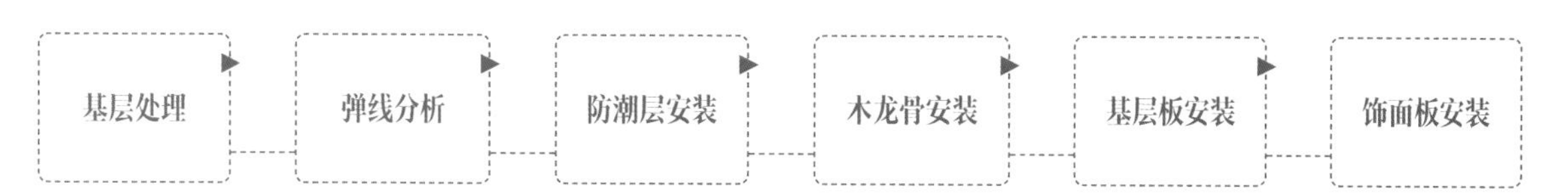

7.6

安装工艺

Interior decoration Design

7.6.1 木门安装

◎ 施工时，要先验收墙面。为了防止门套线不直，施工时要用 2m 靠尺验收所有相关墙面，保证木门的衔接墙面以及踢脚线衔接的墙面都是垂直的。安装门框时，一定要调整好门框的垂直度，避免打上发泡剂时，因为发泡剂干燥发胀而损坏门框。

◎ 预留门缝，门与地面的距离一般≤ 6mm；竖门缝在冬季应该≥ 3mm，夏季应该≥ 1mm；值得注意的是，卫浴间的门最好与地面间预留 9mm 缝隙，这样防潮又通风。

◎ 搬运实木门板时要尽量避免划伤或者碰伤门框和门扇。放置门框、门扇时也必须保证平稳，且不能放在阳光直射处。

◎ 如果是转角墙或丁字墙处安装木门的话，在安装前需先在无门垛的那一侧做一面宽度不少于 50mm 的“假墙”。当然此处的假墙宽度可根据线条宽度来确定，避免造成两侧面展示出的门边线不对称。

◎ 拼接工具需要根据门框材料选择。若门框是 MDF 材料，在拼门框时须用螺丝固定；若门框是用多层板或实木板制作的，在拼门框时则可使用铁钉固定。

◎ 因门框两侧可能有通电线路，所以在安装门框时，用电操作须规范进行。

△ 木门安装

7.6.2 开关、插座安装

◎ 开关、插座的安装一般在木工、油漆工完工之后进行，因此，久置的底盒难免堆积大量灰尘。在安装时先对开关、插座底盒进行清理，特别是将盒内的灰尘、杂质清理干净。这样做可避免特殊杂质影响电路的使用。

◎ 盒内甩出的导线要留出维修长度，然后削出线芯，注意不要损伤线芯。将导线按顺时针方向盘绕在开关或插座对应的接线柱上，然后旋紧压头，线芯不得外露。

◎ 火线接入开关 2 个孔中的一个 A 标记，再将绝缘线从另一个孔中穿出，再接入下面的插座 3 个孔中的 L 孔内接牢。零线直接接入插座 3 个孔中的 N 孔内接牢。地线直接接入插座 3 个孔中的 E 孔内接牢。若零线与地线错接，使用电器时会出现跳闸现象。

◎ 先将盒子内甩出的导线由塑料台的出线孔中穿出，再将塑料台紧贴于墙面，用螺丝固定在盒子上。固定好后，将导线按各自的位置从开关插座的线孔中穿出，按接线要求将导线压牢。

◎ 最后将开关或插座贴于塑料台上，找正并用螺钉固定牢，盖上装饰板。

△ 开关、插座安装

7.6.3 灯具安装

- ◎ 室内安装壁灯、床头灯、台灯、落地灯、镜前灯等灯具时，高度低于 2.4m 的，灯具的金属外壳均应接地，以保证使用安全。
- ◎ 卫浴间及厨房装矮脚灯头时，宜采用瓷螺口矮脚灯头。螺口灯头的接线、相线（开关线）应接在中心触点端子上，零线接在螺纹端子上。
- ◎ 安装台灯等带开关的灯头时，为了安全，开头手柄不应有裸露的金属部分。
- ◎ 在顶面安装各类灯具时，应按灯具安装说明书进行安装。灯具重量小于 0.5kg 时，可采用软电线自身吊装，重量大于 0.5kg 时，应采用吊链，重量大于 3kg 时，应固定在螺栓或预埋吊钩上。

△ 如果灯具总重量大于 3kg，安装时须预埋吊筋

灯具安装施工流程

处理电源接线口 → 灯具检查 → 定位、开孔或打孔 → 接线 → 安装灯具 → 测试调整 → 清理

从安装方式上来说，吊灯分为线吊式、链吊式和管吊式三种。线吊式灯具一般利用灯头花线持重，灯具本身的材质较为轻巧，如玻璃、纸类、布艺以及塑料等是这类灯具中最常用的材质；链吊式灯具采用金属链条吊挂于空间中，这类灯具通常有一定的重量，能够承受重量较大的灯具材质，如金属、玻璃、陶瓷等；管吊式与链吊式的悬挂很类似，使用金属管或塑料管吊挂。

△ 线吊式

△ 链吊式

△ 管吊式

7.6.4 洗手盆安装

◎ 洗手盆离地 80cm 左右是比较合适的高度。如果家里有特殊情况，也可根据具体情况灵活设定。比如，家中成员身高普遍偏高，那么就可以将洗手盆的高度适当调高。

◎ 如果安装两个洗手盆，台盆之间要留出足够的距离，这样使用时才不会有影响。

◎ 由于洗手盆台下盆的台面下支架交错，拆装复杂，若台面长度较小，则安装时很难保证安装质量。在下水器上缠绕生料带时，可以缠厚一点，生料带可以增强螺纹的密封性，防止漏水。

◎ 洗手盆台下盆对安装工艺要求较高，先要按台下盆的尺寸定做、安装托架，再将台下盆安装在预定位置。

◎ 洗手盆台下盆安装完后，整体外观比较整洁，也容易打理，但要注意，盆与台面的接合处是比较容易藏污纳垢的地方，为防止霉变，下密封圈处要涂玻璃胶（下密封圈与陶瓷之间的密封性不是很好，需要玻璃胶来加强防渗水功能）。

△ 双洗手盆

△ 台上盆

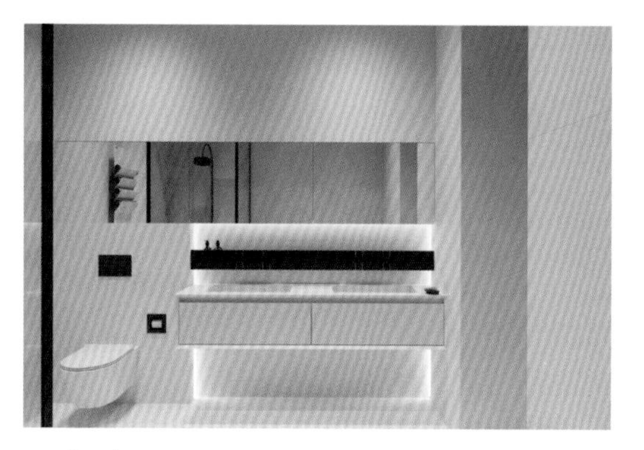

△ 台下盆

△ 挂墙式洗手盆

7.6.5 马桶安装

◎ 在安装之前，需检查安装马桶处地面是否水平，如果不平，需适当地进行调平。将多余的马桶下水管管道锯短，直到合适为止。这些都检查完毕后，就可做马桶的安装工作了。

◎ 在马桶的排污管和下水管道上做标记，并确认安装马桶的具体位置。用电钻打一个洞，并埋下膨胀螺栓，然后在马桶的排污口装密封圈，同时还要在排污管道上涂上水泥浆或胶水，确保污水不会渗出来。

◎ 将标好的马桶排污管与下水排污管对准后，再安装马桶。在马桶底部涂一圈玻璃胶进行密封，以保证马桶安装稳固。

◎ 接着就是安装马桶的配件。在安装配件前，需检查住宅的水阀开关是否正常、马桶水管长度是否合理等。

◎ 最后一步是对马桶进行调试，查看能否正常抽水。

△ 马桶安装

7.6.6 浴缸安装

◎ 检查浴缸水平、前后、左右位置是否合适，检查排水设施是否合适，要安装稳固，安装过程中对浴缸及下水设施采取防脏、防磕碰、防堵塞的设施，角磨机、点焊机的火花不要溅到浴缸上，否则会对釉面造成损伤，影响浴缸美观。

◎ 安装按摩浴缸时，必须设置接地线和漏电保护开关，将电插头接好后，在接垫板周围做好防水，避免发生漏电事故。连接水管前要做马达的通电试验，试听其声音是否符合要求。

◎ 安装带支架的浴缸前，应检查浴缸安放的地面是否平整；将浴缸放到预留位置后，应借助水平尺对支撑脚螺母进行调整，直至浴缸水平。

◎ 注意浴缸保护，在浴缸安装和房屋装修过程中，可以用柔软的材料覆盖浴缸表面，切勿站立在浴缸上施工，或在浴缸边缘放置重物，以防止损坏浴缸。浴缸安装24小时后，方能使用。

△ 搁置式浴缸

一般浴缸的放置形式有搁置式与嵌入式两种，搁置式即把浴缸直接搁置在浴室地面上，嵌入式是将浴缸全部嵌入或部分嵌入台面中。

搁置式浴缸安装较简单。其中，进出水口的安装是重点。在安装之前要先修改好浴缸出水口和其他通道，然后把浴缸放置在两根木条上，连接上下水管，尝试浴缸里注水，检查下水管是否渗漏。若无渗漏，则可把木条取出。这样，浴缸安装基本完成。

嵌入式浴缸的安装重点在于做好防水。正常的顺序是铺好地面，使用泡沫砖垫好嵌入式浴缸，高度一般不高于60cm，注意在下水管的位置预留25cmx30cm大小的检修孔。

△ 嵌入式浴缸

Interior decoration

Design

第 8 章

家居装修监理验收

8.1

验收基本常识

Interior decoration Design

8.1.1 装修验收工具

名称	功能
卷尺	测量房屋的长、宽、高等尺寸，业主在验房时可以自备卷尺来测量橱柜和门以及房高等尺寸以判断是否符合合同规定，还要检查一些洁具等的安装预留空间是否合理
靠尺	又称垂直检测尺，在验收时使用的频率很高，比如，墙面和地面装修都要检查平整度、水平度以及墙面的垂直度等，这些检测都得用靠尺来进行
塞尺	在验收时，检测瓷砖缝隙大小就得用塞尺。将塞尺头部插入待检测的缝隙中，再根据铺贴的标准来判断瓷砖的铺贴是否合格
对角检测尺	把对角检测尺放在门窗的对角线上，然后测量两条对角线的长度，再通过对比两条对角线的长度来判断门窗是否方正
方尺	将方尺紧靠在待测量的角内，检查方尺两边是否能与墙角或窗户的两条边紧贴，以此来判断所测角是否为直角
检验锤	检测锤是一种可以伸缩的小金属锤，用它敲打墙面和地面，听声音判断是否有空鼓现象
磁石笔	要检测塑钢门窗内是否有钢衬，判断门窗会不会走形。测试时用磁石笔靠近门窗边角，若吸住不掉说明内有钢衬
试电插座	试电插座上有三个指示灯，插在电源上时，若右边的两个指示灯同时亮起，则表示电路正常，三个灯全不亮说明电路中没有火线，中间的指示灯单独亮表示电路中没有地线，右面的指示灯单独亮则说明电路中没有零线

8.1.2 装修材料验收

验收的第一步是对材料进行验收。由于施工现场空间有限，材料会分多次进行验收。一般来说，施工前需验收的材料有水管、电线、木板、腻子、水泥、沙子等，随着工程推进，后期会陆续验收瓷砖、油漆、涂料等。

正规装饰公司与客户签订的合同时，会签订一份材料说明单，详细写明所需材料的品牌、规格和质量等级，双方应根据材料说明单来验收材料。由于材料单一般不对材料数量进行说明，因此业主应在验收单中写明验收材料的数量。

8.1.3 隐蔽工程验收

隐蔽工程进行或完成时，要进行一次中期重点验收，这对保证家庭装修的整体质量尤为重要，其验收是否合格会影响后期多个家装项目的进行。通常，家装进行 15 天左右就可进行中期验收，可分两次进行，第一次验收涉及吊顶、水电路、木制品等项目，第二次验收则是专门对家装中使用防水的房间进行验收。如果发现问题或希望进行一些局部变更，最好在此阶段提出。

第一次验收

涉及吊顶、水电路、木制品等项目

第二次验收

专门对家装中使用防水的房间进行验收

8.1.4 装修中期验收

装修中期验收也可分为第一次验收与第二次验收。中期工程是装修中最复杂的环节，中期验收是否合格会影响后期多个装修项目的进行。

验收项目	验收内容
吊顶	◎检查吊顶的木龙骨是否涂刷了防火材料 ◎检查吊杆的间距，吊杆间距不能过大，否则会影响其承载力，间距以 600~900mm 为宜 ◎检查吊杆的牢固性，看其是否晃动，垂直方向上的吊杆必须使用膨胀螺栓固定，横向的吊杆可以使用塑料螺栓固定；最后还应使用拉线的方法检查龙骨的平整度
水路改造	◎打压试验，压力不能小于 6kg，打压时间不能少于 15 分钟 ◎检查压力表是否有泄压的问题，如果发现存在泄压的问题，要检查阀门是否关闭
电路改造	◎注意检查使用的电线是否为预算单中确定的品牌、质量是否达标 ◎检查插座的封闭情况，如果原来的插座移位了，移位处要进行防潮、防水处理，并使用三层以上的防水胶布进行封闭
木制品	◎检查木制品的外形是否符合设计要求、尺寸是否精确 ◎检查木门的开启方向是否合理、木门上方和左右的门缝是否过宽、门套的接缝是否严密
墙砖、地砖	◎可以使用小锤子敲打墙砖、地砖的边角，检查其是否存在空鼓现象 ◎检查墙砖、地砖品牌是否与合同约定的一样、是否为同一批次以及是否在同一时期铺贴 ◎检查墙砖、地砖砖缝的美观度。一般情况下，无缝砖的砖缝应该在 1.5mm 左右，边缘有弧度的砖缝以 3mm 为宜 ◎检查墙砖、地砖是否有缺棱、掉角的现象
木制品	◎检查木制品表面腻子的平整度，可以利用靠尺进行检验，误差在 2~3mm 以内为合格 ◎注意阴阳角是否方正、顺直
防水	◎进行闭水试验，24 小时后询问楼下邻居是否有渗漏现象 ◎检验淋浴间墙面的防水，可以先检查墙面刷的漆是否均匀一致，有无漏刷现象，尤其要检查阴阳角是否有漏刷

8.1.5 装修后期验收

相对中期验收来说，后期验收比较简单，主要是对中期项目的收尾部分进行检验。如木制品、墙面、顶面，业主可对其表面油漆效果、涂料的光滑度，是否有流坠现象以及颜色是否一致进行检验。

电路主要查看插座的接线是否正确，卫浴的插座应设有防水盖。业主需要检查有地漏的房间是否存在“倒坡”现象，检验方法非常简单：打开水龙头或者花洒，一定时间后就能看地面流水是否通畅，有无局部积水现象。除此以外，还应对地漏的通畅、坐便器和洗手盆的下水进行检验。

验收地板时，应查看地板的颜色是否一致，是否有起翘、空鼓等情况。验收塑钢窗时，可以检查塑钢窗的边缘是否留有 l~2cm 的缝隙填并充发泡胶。此外，还应检查塑钢窗的牢固性，一般情况下，每 60~90cm 应该打一颗螺栓固定塑钢窗，如果塑钢窗的固定螺栓太少将影响塑钢窗的稳固性。

在进行尾期验收时，业主还应该注意一些细节问题，例如厨房、卫浴的管道是否留有检查备用口，水表、气表的位置是否便于读数等。

8.1.6 竣工验收

竣工验收是家装工程验收的最后一道工序，要验收所有合同中约定或未约定的细节，发现问题及时提出，要尽可能做到细致入微。

验收项目	验收内容
门窗验收	◎应注意门窗开启是否正常　◎门窗是否与墙面贴合紧密 ◎缝隙是否适度，一般以 0.5cm 为佳
瓦工验收	◎应注意地面是否有倾斜现象　◎砖面缝隙是否规整一致 ◎洗手间、阳台等有地漏的地面是否有足够的排水倾斜度　◎砖面是否有破碎、崩角现象
油漆验收	◎可用手触摸墙面，检验漆面是否光滑、柔和、平整、干净没有颗粒 ◎观察墙面是否有空鼓、起泡、开裂现象，是否存在脏迹
木工验收	◎看构造是否直平，转角是否准确　◎拼花是否严密，弧度与圆度是否顺畅圆滑 ◎柜体柜门开关是否正常　◎吊顶角线接驳处有无明显不对纹和变形 ◎踢脚线是否安装平直　◎柜门把手、锁具安装位置是否合理、开启是否正常
杂项验收	应按照合同项目的规定，逐条审核工程项目是否全部完成 ◎检查灯具能否全部正常照明　◎程垃圾是否已经全部清除 ◎洁具及其他安装品安装是否准确　◎马桶储水及冲水、洗手盆排水等功能是否正常

8.2

装修工程验收

Interior decoration Design

8.2.1 水路施工质量验收

对水路改造的检验主要是进行打压实验，打压时压力不能小于 6kg，打压时间不能少于 15 分钟。然后检查压力表是否有泄压的问题，如果出现泄压问题，则要检查阀门是否关闭。如果出现管道漏水问题，要立即通知工长，处理好管道漏水问题后，才能进行下一步施工。

验收标准	解决方法	验收通过
管道工程施工符合工艺要求外，还应符合国家有关标准规范		
给水管道与附件、器具连接紧密，经通水实验无渗水		
排水管道应畅通、无倒坡、无堵塞、无渗漏、地漏篦子应略低于地面		
卫生器具安装位置正确，器具上沿要水平端正牢固，外表光洁无损伤		
管材外观质量：管壁颜色一致，无色泽不均及分解变色线现象，内外壁应光滑，平整无气泡、裂口、裂纹、脱皮、痕纹及碰撞凹陷等现象。公称外径不大于 32mm，盘管卷材调直后截断面应无明显椭圆变形		
管检验压力，管翌应无膨胀、无裂纹、无泄漏		
明管、主管管外皮距墙面距离一般为 2.5~3.5cm		
冷热水间距，一般不小于 15~20cm		
卫生器具采用下供水，甩口距离地面一般为 35~45cm		
洗脸盆、台面距地面一般为 80cm，淋浴器为 180~200cm		
阀门低进高出，沿水流方向		

8.2.2 电路施工质量验收

检验电路施工质量时要检查插座的封闭情况，如果原来的插座移位了，移位处要进行防潮、防水处理，应用三层以上的防水胶布进行封闭。同时，还要检验吊顶里的电路接头是否也用防水胶布进行了处理。

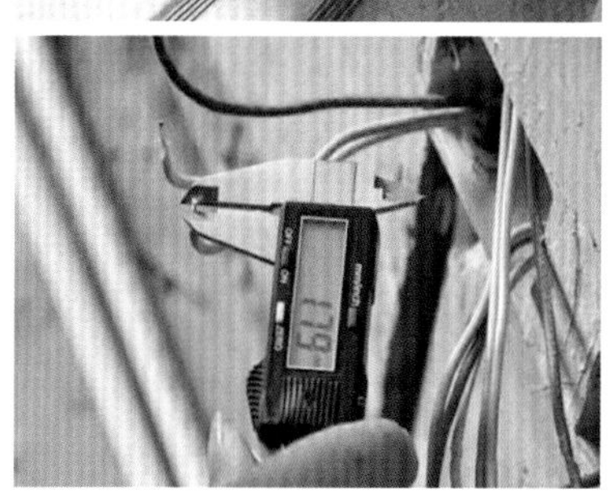

验收标准	解决方法	验收通过
有详细的电路布置图，标明导线规格及线路走向		
所有房间的灯具可正常使用		
所有房间的电源及空间插座可正常使用		
所有房间的电话、音响、电视、网络可正常使用		
灯具及其支架的安装牢固、端正、位置正确，有木台的安装在木台中心		
导线与灯具连接牢固、紧密、不伤灯芯，压板连接时，无松动、水平，螺栓连接时，同一端子上的导线不超过两根，防松垫圈等配件齐全		

8.2.3 隔墙施工质量验收

骨架隔墙所用龙骨、配件、墙面板、填充材料及嵌缝材料的品种、规格、性能和木材的含水率应符合设计要求。

验收标准	解决方法	验收通过
检查墙砖表面平整度，可以用专用的水平尺进行测量，在墙体两侧不同位置进行测量，看是否有偏差，一般误差允许范围是 2mm 以内		
检查同一侧墙面上下不同位置的墙砖铺贴是否平整，如果误差大于 2mm 的话，则说明墙砖铺贴的平整度不符合标准		
检查相邻两块墙砖之间接缝处的平整度，需要用专业的测量尺进行测量，对其中一块墙砖与四周相邻墙砖之间的接缝进行测量，通常两块墙砖间的接缝误差允许范围是 0.5mm 以内		
注意检查墙砖的表面是否干净整洁，是否有色差，如果是拼图的话，要注意组合在一起的图案是否完整		

8.2.4 墙砖施工质量验收

验收标准	解决方法	验收通过
检查墙砖表面平整度，可以用专用的水平尺进行测量，在墙体两侧不同位置进行测量，看是否有偏差，一般误差允许范围是 2mm 以内		
检查同一侧墙面上下不同位置的墙面墙砖铺贴是否平整，如果误差大于 2mm 的话，则说明墙砖铺贴的平整度不够		
检查相邻两块墙砖之间接缝处的平整度，需要用专业的测量尺进行测量，对其中一块墙砖与四周相邻墙砖之间的接缝进行测量，通常两块墙砖间的接缝误差允许范围在 0.5mm 之内		
注意检查墙砖的表面是否干净整洁，不能有色差，如果是拼图的话，要注意组合在一起的图案是否合理		

8.2.5 乳胶漆施工质量验收

验收标准	解决方法	验收通过
墙面要平整，阴阳角平直，棱角部位无缺损		
墙面无刷纹、流坠		
手感平整、光滑、无挡手感、无明显颗粒感		
墙面无掉粉、起皮、裂缝现象		
墙面无透底、反碱、咬色现象，色泽均匀一致		
不得污染门、窗、灯具、墙裙、木线条等		

8.2.6 油漆施工质量验收

验收标准	解决方法	验收通过
油漆工程使用的腻子，应根据油漆品种、性能要求来配制，应与基体结合坚实牢固，无起皮、粉化及裂纹现象		
墙面无刷纹、流坠		
手感平整、光滑，无挡手感、明显颗粒感		
无掉粉、起皮、裂缝现象		
墙面无透底、反碱、咬色现象，色泽均匀一致		
不得污染门、窗、灯具、墙裙、木线条等		

8.2.7 大理石施工质量验收

验收标准	解决方法	验收通过
大理石品种、规格、图案、颜色和性能应符合设计要求		
安装工程的预埋件、连接件的数量、规格、位置、连接方法和防腐处理必须符合设计要求		
大理石表面应平整、洁净、色泽一致，无裂痕和缺损		
大理石的嵌缝应密实、平直，宽度和深度应符合设计要求，嵌填材料色泽应一致		
大理石孔、槽的数量、位置及尺寸应符合要求		

8.2.8 墙纸施工质量验收

验收标准	解决方法	验收通过
墙纸黏结剂的材料质量品种、颜色、图案应符合设计要求		
墙纸粘贴牢固，平整，无波纹起伏		
墙纸无气泡，空鼓，裂缝，翘边、褶皱或斑污，斜视时无胶痕		
墙纸与挂镜线、踢脚板等紧接，无缝隙		
墙纸拼接横平竖直，拼接处花纹图案吻合，表面色泽一致		
墙纸不离缝，不搭线，拼缝不明显，在距墙 1.5m 远处看墙纸，不应有明显接缝		

8.2.9 地砖施工质量验收

验收标准	解决方法	验收通过
地面表面洁净，纹路一致，无划痕，无色差，无裂纹，无污染，无缺棱掉角等		
地砖边与墙交接处缝隙合适，踢脚线能完全将缝隙盖住		
地砖平整度误差不得超过 2mm，相邻砖高差不得超过 1mm		
地砖铺贴必须牢固，空鼓数控制在总数的 5% 以内，单片空鼓面积不超过 10%		
地砖缝宽不得超过 2mm，勾缝均匀，顺直		

8.2.10 软包施工质量验收

验收标准	解决方法	验收通过
软包面料、内衬材料及边框的材质、图案、颜色、燃烧性能等级和木材的含水率必须符合要求		
软包工程的安装位置及构造做法应符合设计要求		
软包工程的龙骨、衬板、边框应安装牢固，无翘曲，拼缝应平直		
单块软包面料不应有接缝，四周应绷压严密		
软包工程表面应平整、洁净，无凹凸不平及褶皱；图案应清晰、无色差，整体应协调美观		
软包边框应平整、顺直、接缝吻合。其表面涂饰质量应符合涂饰工程的有关规定		
清漆涂饰木制边框的颜色、木纹应协调一致		

8.2.11 木地板铺装质量验收

验收标准	解决方法	验收通过
地板表面光滑，漆面无损伤、无明显划痕		
验收时在地板上来回走动，脚步需加重，特别是靠墙部位和门洞部位。发现有声响的地方，要重复走动，确定声响的具体位置，做好标记		
使用两米的靠尺和塞尺验收地板表面的平整度，标准是每 2m 内误差值在 0.3mm 以内		
检查两块地板之间的拼缝间隙，标准为间隙小于等于 0.8mm		
检查地板扣条之间的缝隙是否均匀，扣条是否牢固		

8.2.12 开关、插座安装质量验收

验收标准	解决方法	验收通过
检查开关、插座的安装位置是否正确，暗盒是否完整平稳		
开关插座底板并列安装时要求高度相等，允许的最大高度差不超过 0.5mm，对于房屋内所有的开关，如无特殊要求应该高度相等，高度差不超过 5mm		
可切断电源打开面盖，检查盒内导线接线是否符合要求，不伤线芯，盒身的绝缘处理要求良好		
检查插座的接线是否正确，对开关进行试开。对于一些尚未安装灯具的开关线路，待灯具装好后一同验收		
将专用验电器插入插座口，然后重复拨动开关，检查各插座的通电情况。如果指示灯全黑，则说明此插座通电有问题，需要修检		

8.2.13 橱柜安装质量验收

验收标准	解决方法	验收通过
检查橱柜门板与所选择的色号是否一致，材质是否相同，表面有无损伤，门板整体颜色是否一致		
门板的表面必须平整，检测方法是反复开关柜门，然后用水平尺测量		
门板安装应相互对应、高低一致，所有中缝宽度应一致		
台面石材应光洁，无裂纹，收口圆滑，表面无孔隙		
水盆和灶台开口尺寸合理，水龙头安装牢固，下水管无漏水		
检查拉手安装是否牢固，安装的质量决定其耐用程度		
橱柜的封边必须光滑，封线平直光滑，接头精细		

8.2.14 浴缸安装质量验收

验收标准	解决方法	验收通过
在安装裙板浴缸时，其裙板底部应贴紧地面，楼板在排水处应预留 250~300mm 的孔洞，便于安装排水管，在浴缸排水端部墙体设置检修孔		
安装浴缸时不能损坏镀铬层，镀铬罩应与墙面紧贴		
浴缸侧边与墙面接合处应用密封膏填嵌密实		
浴缸排水与排水管连接应牢固密实，且便于拆卸，连接处不得敞口		
如浴缸侧边砌裙墙，应在浴缸排水处设置检修孔或在排水端所在墙上开设检修孔		
各种浴缸冷、热水龙头或混合水龙头的高度应高出浴缸 150mm		
浴缸上平面必须用水平尺校验平整，不得侧斜		

8.2.15 洗手盆安装质量验收

验收标准	解决方法	验收通过
洗手盆应平整无裂损		
排水栓处应有不小于 8mm 直径的溢流孔		
排水栓与洗手盆连接时，排水栓溢流孔应该准确对准洗手盆溢流孔，以保证排水畅通，连接后，排水栓上端应低于洗手盆底		
洗手盆与墙面相连的地方应用硅膏嵌缝，若洗手盆的排水存水弯和水龙头是镀铬产品，在安装时要小心，不得损坏镀层部		
洗手盆与排水管链接后应牢固密实，且便于拆卸，连接处不得敞口		

8.2.16 坐便器安装质量验收

验收标准	解决方法	验收通过
给水管角阀中心距地面高度为 250mm，如安装连体坐便器，应根据坐便器进水口离地面高度而定，但不得小于 100mm，给水管角阀中心一般在污水管中心左侧 150mm 处，或根据坐便器实际尺寸定位		
带水箱及连体坐便器的水箱后背部与墙的距离应小于 20mm		
坐便器使用不小于 6mm 的镀锌膨胀螺栓固定，坐便器与螺母间应用软性垫片固定，污水管应露出地面 10mm		
冲水箱内溢水管高度应低于扳手孔 30~40mm		
安装时不得破坏防水层，已经破坏或没有防水层的，要先做好防水，并通过 24 小时积水渗漏试验		

Interior decoration

Design

第 9 章

家居装修软装设计技法

9.1

家具的选择与摆设尺寸

Interior decoration Design

9.1.1 家具大小和占空间比例

家具是家居空间中体量最大的软装元素，选择家具不能只看外观，合适的尺寸也是很重要的。在卖场看到的家具往往感觉比实际尺寸小。觉得尺寸正合适的家具，实际上却大一号的情况也时有发生。因此，有必要事先了解家具尺寸，之后再认真考虑。

其次要按一定比例放置家具。室内家具的大小、高低都应有一定的比例。这不仅是为了美观，更重要的是关系到舒适度和实用性。如沙发与茶几、书桌与书椅等，它们虽然分别是两件家具，使用时却是一个整体。如果大小、高低比例不当，那么既不美观又不实用。

各种家具在室内占有空间一般不能超过50%。如果从美学的角度来讲，家具占空间的1/3 最为合适。通常，沙发所占面积应为客厅总面积的 1/4~1/3，太大了会产生一种拥挤感。床与卧室面积的比例不宜超过 1 ： 2，若一味追求大床而忽略与空间的关系，只会适得其反。

△ 家具在布局前应考虑好与空间的比例关系，形成整体感的同时，让每一处区域层次分明

△ 从立面上看，同一区域内布局的家具应形成高低错落的视觉感

9.1.2 常见的家具类型

家具类型		家具特点	适用风格
实木家具		表面一般都能看到木材的自然纹理，可分为纯实木家具与仿实木家具，纯实木家具的所有用料都是实木，仿实木家具是实木和人造板混用制成的	中式家具一般以硬木材质为主；美式乡村风格空间常用做旧工艺的实木家具；日式风格的实木家具一般比较低矮；北欧风格的实木家具更注重功能性、实用性
板式家具		指以人造板为主要基材、以板件为基本结构的拆装组合式家具，价格一般远低于实木家具	基本采用的都是木材的边角余料，无形中保护了有限的自然资源，是现代简约风格中最为常见的家具类型
金属家具		以金属材料为架构，配以布艺、人造板、木材、玻璃、石材等制造而成，也有完全用金属材料制作的铁艺家具	轻奢风格空间中常见整体为金属或带有金属元素的家具，铁艺家具适合地中海风格、工业风格等带有复古气质的装饰风格
玻璃家具		选用高强度的玻璃作为主要材料，配以木材、金属等辅助材料制作而成，相比于其他材质的家具，玻璃家具拥有各式各样的优美造型	不规则形状的玻璃家具适用于装饰艺术风格的空间，方形、圆形玻璃家具更适用于现代简约风格的空间
布艺家具		应用最广的家具类型，其最大的优点就是舒适自然，休闲感强，容易让人体会到放松感，可以随意更换喜欢的花色	现代简约、田园、新中式或者混搭风格空间都可以选用布艺家具，其中，丝绒布艺家具是轻奢风格空间中常见的家具类型
皮质家具		体积较大，外形厚重，适合面积较大的空间。按原材料可分为真皮、人造皮两种，按表面工艺可分为亚光皮家具和亮面皮家具两种	美式风格中的皮质家具复古气息浓厚，细节部分则加入铆钉的装饰；工业风格的皮质家具通常选择原色或带点磨旧感的皮革
藤质家具		最大的特色是吸湿、吸热、透气、防虫蛀以及不会轻易变形和开裂等。而且色泽素雅、光洁凉爽，有浓郁的自然气息，给人以清淡雅致的感觉	在希腊爱琴半岛地区，手工艺术十分盛行，当地人对自然的竹藤编织物非常喜爱，所以藤类家具常用在地中海风格空间中。东南亚风格的家具常以两种以上不同材料进行混合编织，如藤条与木片、藤条与竹条等
亚克力家具		具有极佳的耐候性，以及较高的硬度和光泽度。既可采用热成型，也可以用机械加工的方式进行制作。不仅色彩丰富，而且造型简洁明快，不会过多地占用空间面积	带有几何造型感的亚克力家具，可以更好地展现现代风格的装饰特征。在成为居住环境视觉焦点的同时，还能将极简理念融入室内设计中

9.1.3 了解定制家具

定制家具是指根据个人喜好和空间细节定做个性化的家具，其是独一无二的，能满足不同业主对家具的不同个性化需求，特别是款式、尺寸和颜色上能满足个人偏好。

定制家具的报价通常以家具规格、材质、制作工艺为依据，不同公司的报价会有所差异，以某户型的定制橱柜为例，等客户将板材、五金件确定下来，按照家具的面积、使用的五金件等设备的报价，家具设计师会对其做一个预算，告知客户这套定制橱柜的大致价格，最终的报价会在预算价格基础上上下浮动。

△ 根据圆弧形墙面现场定制的餐椅

定制家具与成品家具的对比

	成品家具	定制家具
空间应用	一般指已经制作好的家具，无法改变家具的外观、尺寸或格局	按业主的实际需求而设计，可根据房型空间专门量身定做
风格种类	在风格上更为多样化，基本上，不同风格的家具店都可以找到相应风格的家具产品	风格的选择也越来越多，厂家设定了许多家具模板，可根据业主需求进行匹配生产
制作费用	根据材料、品牌的不同，便宜的家具只需几十元或上百元，贵的可达几千、几万元，业主可根据自身经济能力选择价位	定制的家具都比较讲究，对工艺要求较高，而且是为单个业主按需定制，其设计和制作的成本都比较高，价位自然也比较高
交货时间	交货时间比较快，业主只要根据家居风格进行选择，很快就可以将家具搬入新家	需要提前测量、设计、制作，最后上门安装，整个周期比较长

在签定制家具的合同时一定要非常谨慎，合同内容应尽量明确家具的尺寸、价格、材质、颜色、交货及安装时间等信息，并对可能出现的延期交货及质量问题等约定相应的赔偿或退换货标准。另外，在送货上门及安装环节，一定要亲自到场查验，一旦发现问题，应当场指出并拍照留存以备维权时作为依据。

9.2

灯具类型与灯光氛围营造

Interior decoration Design

9.2.1 灯具选择的重点

门窗的位置、有无横梁、吊顶深度等因素都会影响到灯具的选择。一个空间中的灯具最好在款式和材料上形成统一，例如，两个台灯的组合，可考虑选用同款，形成平行对称；落地灯和台灯的组合，最好是同质、同色系，外形上稍有差异，这样能让层次更丰富。这一原则同样适用于台灯与壁灯的组合。

在一个比较大的空间里，如果需要搭配多种灯具，就应考虑风格统一的问题。例如，客厅很大，需要在灯具风格上做一个统一，避免各类灯具之间存在造型上的冲突，即使想做一些对比和变化，也要通过色彩或材质中的某一个因素使两种灯具看起来很和谐。

灯罩是灯具成为视觉亮点的重要因素，选择时要考虑好是想让灯具散发出明亮的光线，还是柔和的光线，抑或是想通过灯罩的颜色来做一些色彩上的变化。虽然选择色彩淡雅的灯罩通常比较安全，但适当选择带有色彩的灯罩同样具有很好的装饰作用。

△ 在同一个空间中搭配多种灯具，需要在色彩或材质上进行呼应

△ 自然材质的灯罩体现空间的设计主题，与墙纸图案相映成趣

灯具的选择除了造型和色彩等要素，还需要结合所挂位置空间的高度、大小等综合考虑。一般来说，较高的空间，灯具垂挂吊具应较长。这样的处理方式可以让灯具占据空间纵向高度上的重要位置，从而使垂直维度上更有层次感。

9.2.2 不同类型的灯泡特点

一个空间照明设计成功的关键在于灯的选择。由于目前普遍的节能要求，热效率低的白炽灯已逐渐减少。被人们广泛使用的 LED 灯，不仅耗电量低，而且寿命是白炽灯的 20 倍。荧光灯虽然不具备 LED 灯的功能，但它的性能好，寿命长，并且灯泡的形状、种类非常多。选择时，需要结合灯具款式、灯泡价格以及开灯的时间等因素来考虑。

△ 由于发光原理及结构的不同，各类灯泡所带来的照明效果也有所差异

灯泡的种类及其特征

	LED 灯泡	白炽灯	荧光灯
优点	亮度较亮，发光率较佳，耗电少，可结合调光系统营造空间意境	灯体和光影有质感，即使频繁开关，也不会影响灯泡的寿命	耗电少，光感柔和，大面积泛光功能强
缺点	投射角度集中	比较耗电，损耗率高	不可调节亮度，光影欠缺美感
适用场合	长时间开灯的房间、不便于更换灯泡的地方	需要对所照亮的物体进行美化的地方，需要白炽灯所产生的热度的地方	长时间开灯的房间

9.2.3 家居空间常用灯具类型及其特点

灯具类型		灯具特点
吊灯		需要根据照明面积、需达到的照明要求等来选择合适的灯头数量。灯头数量较多的吊灯适合为大面积空间提供照明；而灯头数量较少的吊灯适合为小面积空间提供照明
吸顶灯		吸顶灯底部完全贴在顶面上，特别节省空间，适用于层高较低的空间。通常面积在 $10m^2$ 以下的空间宜采用单灯罩吸顶灯，超过 $10m^2$ 的空间宜采用多灯罩组合吸顶灯或多花装饰吸顶灯
筒灯		根据安装方式，有明装筒灯与暗装筒灯之分。根据灯管大小，一般可分为 5 寸的大号筒灯、4 寸的中号筒灯和 2.5 寸的小号筒灯三种
壁灯		壁灯造型丰富，分为灯具整体发光和灯具上下发光两种类型。可以随意固定在任何一面需要光源的墙上，并且占用的空间较小，因此适用性比较强
台灯		台灯主要放在写字台、边几或床头柜上以备书写、阅读时用。大多数台灯由灯座和灯罩两部分组成，一般，灯座由陶瓷、石质等材料制作而成，灯罩常用玻璃、金属、亚克力、布艺、竹藤等材质制作
落地灯		落地灯按照明方式主要分为直照式落地灯和上照式落地灯。直照式落地灯的光线照在顶面上再漫射下来，均匀散布在室内；上照式落地灯只有搭配白色或浅色的顶面，才能达到理想的光照效果

9.2.4 空间配光方式及其特点

在进行照明设计时，应考虑房间的功能及使用者的个性化需求，可利用灯光设计不同的主题或模式，以满足不同功能主题的照明需求。

配光指使用不同的灯具来调控光线延伸的方向及其照明范围。即使将瓦数相同的灯泡安装在同一位置，灯光的强度及方向也会因灯具的差异而有所不同，这一点足以影响整个房间的氛围。一个空间中可以运用不同配光方案来交错营造出自己需要的光线氛围，配光效果主要取决于灯具的设计样式和灯罩的材质。在购买灯具前，首先要在脑海中构想自己想要营造的照明氛围，最好在展示间确认灯具的实际照明效果。

配光方式		特点
直接配光		所有光线向下投射，适用于想要强调室内某处的场合，但容易使吊顶与房间的角落显得过暗
半直接配光		大部分光线向下投射，小部分光线通过具有透光性的灯罩，投射向吊顶。这种形式可以解决吊顶与房间角落过暗的问题
间接配光		先将所有的光线投射到吊顶上，再通过其反射光来照亮空间，不仅不会使人感到炫目而且能营造出温馨的氛围
半间接配光		向吊顶照射的光线反射下来，再加上小部分从灯罩透出的光线，向下投射，这种照明方式较为柔和
漫射型配光		利用透光的灯罩将光线均匀地漫射至需要光源的平面上，照亮整个房间。相比于前几种照明方式，漫射型配光更适用于宽敞的空间

9.3

窗帘的选择与搭配技巧

Interior decoration Design

9.3.1 窗帘的组成

一套窗帘通常由帘头、帘身、帘杆、帘带和帘栓等部分组成。

帘头属于装饰部分，可分为水波帘头、平幔、水波配平幔、工字折帘头等，每一种又可以设计、制作出很多款式。带有帘头的窗帘可以更好地烘托室内的华丽氛围，如新古典装饰风格空间常使用波浪式帘头及带有流苏的帘头。而在现代简约风格空间中应避免使用复杂的帘头。除了特殊装饰，一般帘头的高度是窗帘高度的25%。如果房子的层高不是很高，建议不要使用造型复杂、过低的窗帘帘头，以免遮挡光线。

帘身包括外帘和内帘。外帘一般使用半透光或不透光的较厚面料，如需要完全遮光，则可在外帘内侧增加遮光帘。如果不想使用帘头，可将外帘直接悬挂于帘杆上。内帘也称纱帘，一般使用半透明纱质面料，如棉纱、涤纶纱、麻纱等，通常与外帘搭配使用。

帘杆用于悬挂外帘和内帘，一般分为滑杆和罗马杆两种。滑杆是指一条轨道上有一串拉环，罗马杆是指一个杆子上穿圆环，两头用大于圆环的头部堵住。滑杆造型简洁，一般安装在顶面，会用窗帘盒、石膏线或者吊顶挡住。罗马杆有各种美观的造型，一般安装在墙面。

帘带和帘栓通常用于掀起窗帘后的固定，两者通常搭配使用。

△ 帘带和帘栓通常搭配使用

△ 悬挂外帘和内帘的帘杆

△ 滑杆

△ 罗马杆

9.3.2 窗帘的主要质地种类

窗帘布艺按面料可分为棉质、纱质、丝质、亚麻、雪尼尔、植绒、人造纤维等。棉、麻是窗帘布艺常用的材料，易于洗涤和更换。丝质、绸缎等材质比较高档，价格一般相对较高。

棉质属于天然材质，由棉花纺织而成，是窗帘常用的面料，易于洗涤和更换，价格比较亲民；纱质窗帘的装饰性较强，透光性能好，并且能增强空间的纵深感，一般在客厅或阳台使用；丝质属于纯天然材质，是由蚕茧抽丝做成的织品，其特点是薄如轻纱却极具韧性，给人飘逸的视觉享受。

亚麻制作的窗帘含有天然纤维，富有自然的质感，通常有粗麻和细麻之分。粗麻风格粗犷，细麻则相对细腻一点。雪尼尔窗帘表面的花形有凹凸感，立体感强，整体看上去高档华丽，在家居环境中具有极佳的装饰性。如果不想选择价格较贵的丝质、雪尼尔面料，可以考虑价格相对适中的植绒面料。植绒窗帘的特点是手感好，遮光性强；人造纤维是目前运用最广泛的窗帘材质，功能性超强，如耐日晒、不易变形、耐摩擦、染色性佳。

△ 亚麻窗帘

△ 丝质窗帘

△ 棉质窗帘

△ 纱质窗帘

9.3.3 窗帘的用料计算

因为国内建筑对窗户没有既定的尺寸标准，所以市面上的窗帘基本上都需要进行定制，事先应测量窗户面积以计算窗帘面料的用量。一般来说，窗帘应比窗口的长和宽大一些，帘布多做成带褶的。帘褶有自由式的，也有多种固定式的。不仅窗口规格对用料有影响，同样规格但不同的帘褶形式，用料也不一样。因此对用料要进行精确计算，以免因购买过多或过少而造成浪费或不足。

以窗框为基准，测量窗框宽度以后，应该加上窗户两侧各 15~20cm 的长度，确保窗隙无漏光。此外，还需要加上窗帘面料褶皱的量，一般简称褶量。2 倍褶量是稍微有点起伏，3 倍褶量呈现较明显的起伏。以 2m 的窗框宽度、两侧各预留 15cm、3 倍褶量为例，其窗帘基本用料是（15cm×2）+（200cm×3），此外还要加上窗帘两分片两侧卷边收口的量。

国内生产的窗帘面料一般为 280cm 定宽，280cm 一般作为窗户的高度。因此，只要窗户的高度不超过 250cm，窗帘的面料用料按量裁剪即可。国外进口的窗帘一般是 145cm 定宽，因此，面料是按照窗户的高度进行裁剪，但当窗户宽度较大时，幅宽方向需进行拼接。

窗帘的高度需要根据下摆的位置来确定，如果是窗台上要距离窗台台面 1.25cm，窗台下则要多出窗台台面 15~20cm，落地窗帘的下摆距离地面 1~2cm 即可。

如果采用图案大且清晰醒目的布料或带有条纹、格纹的布料做窗帘，在拼接时应注意图案及条纹、格纹的拼接，否则会影响窗帘的美观度。购买这种类型的布料时，应增加拼接图案所需的尺寸。

9.3.4 窗帘的搭配技法

窗帘是家居空间软装设计的重点之一。要想打造精致的生活环境，窗帘的巧妙搭配至关重要。可以考虑在空间中找到类似的颜色或纹样作为选择方向，这样才能与整个空间形成很好的衔接。另外，选择时应注意，窗帘纹样不宜过于琐碎，要考虑打褶后的效果。

◎ 当地面同家具颜色对比度强的时候，可以地面颜色为中心选择窗帘；当地面颜色同家具颜色对比度较弱时，可以家具颜色为中心选择窗帘; 面积较小的房间要选用不同于地面颜色的窗帘，否则会使房间看起来更狭小。

△ 以家具颜色为中心选择窗帘的色彩

◎ 选择和墙面相近的颜色，或者选择比墙面颜色深一点的同色系颜色。如果墙面是常见的浅咖色，就可以选比浅咖深一点的浅褐色窗帘。

◎ 像抱枕、台灯这样的小件物品，非常适合作为窗帘的选色依据，因为这样不会使同一颜色在家里铺得太多。

△ 窗帘选择比墙壁颜色深一点的同色系颜色

△ 客厅窗帘分别与抱枕、台灯的色彩相呼应

◎ 选择和床品一样的颜色，可以增强卧室的配套感。少数情况下，窗帘也可以和地毯的色彩相呼应。若地毯本身是中性色，则可以选择与地毯同样的颜色做单色窗帘，或让窗帘带上一点地毯的颜色。其他情况不建议两者用同一种色。

△ 选择与床品色彩相近的窗帘可增强卧室空间的配套感

9.4

地毯类型与搭配要点

Interior decoration Design

9.4.1 地毯类型及其特点

地毯类型		地毯特点
真丝地毯		真丝地毯以 100% 纯天然、高质量的桑蚕丝为原料，色泽鲜艳、毯面柔软、洗涤不褪色，经久耐用，加上具有浓厚民族色彩的图案、花纹，具有很高的欣赏价值
纯毛地毯		纯毛地毯一般以绵羊毛为原料编织而成，价格相对比较高。纯毛地毯通常多用于卧室或更衣室等私密空间，比较清洁，赤脚踩在地毯上，脚感非常舒适
纯棉地毯		纯棉地毯的原材料为棉纤维，分平织、线毯、雪尼尔簇绒系列等多种类型，性价比较高，脚感柔软舒适。不过因为吸水性好，容易发生霉变
混纺地毯		混纺地毯是向纯毛地毯中加入一定比例的化学纤维制成的，在花色、质地、手感方面与纯毛地毯差别不大。装饰性不亚于纯毛地毯，且克服了纯毛地毯不耐虫蛀的缺点
化纤地毯		化纤地毯分为两种，一种使用面料主要是聚丙烯，背衬为防滑橡胶，价格与纯棉地毯差不多，花样品种更多；另一种是仿雪尼尔簇绒系列纯棉地毯，形式与其类似，只是材料换成了化纤，价格便宜，但容易起静电
动物皮毛地毯		一般用碎牛皮制成，颜色比较单一，以烟灰色或怀旧的黄色居多。动物皮毛地毯自带一种桀骜不驯的气质，这股天生的野性也是自由与闲适的象征
麻质地毯		麻质地毯分为粗麻地毯、细麻地毯及剑麻地毯等，具有自然感和清凉感，是乡村风格家居最好的烘托元素，能营造出一种质朴感
碎布地毯		碎布地毯是性价比最高的地毯，材料朴素，所以价格非常便宜，花色以同色系或互补色为主色调，清洁方便，放在玄关、更衣室或书房中不失为一种好选择

9.4.2 地毯色彩类型

地毯的颜色多样，并且不一样颜色的地毯会给人不一样的内涵和感受。在软装搭配时可以将居室中的几种主要颜色作为地毯色彩构成的要素，这样选择起来既简单又准确。在保证色彩统一谐调之后，再确定图案和样式。地毯按色彩和纹样主要分为纯色地毯和花纹地毯两类。

纯色地毯

 浅色地毯		在光线较暗的空间里，选用浅色的地毯能使环境变得更加明亮，例如，纯白色的长绒地毯与同色的沙发、茶几、台灯搭配，就会营造出一种干净纯粹的氛围
深色地毯		在光线充裕、环境色偏浅的空间里选择深色地毯，能使轻盈的空间变得厚重。例如，面积不大的房间经常选择浅色地板，正好可搭配颜色深一点的地毯
纯色地毯		纯色地毯能产生一种素净淡雅的效果，通常适用于现代简约风格的空间。因为睡眠需要相对安宁的环境，所以卧室更适合纯色地毯
拼色地毯		拼色地毯的主色调最好与某种大型家具相呼应，或者与其色调相对应，比如红色和橘色、灰色和粉色等，和谐又不失雅致。如果沙发颜色较为素雅，那么运用撞色搭配总会产生让人惊艳的效果

花纹地毯

条纹地毯		简单大气的条纹地毯比较百搭，只要在地毯配色上稍加留意，基本能适合各种风格的空间
格纹地毯		在软装配饰纹样繁多的空间场景中，一张格纹地毯能让热闹的空间迅速安静下来而又不显突兀
几何纹样地毯		几何纹样地毯简约又不失设计感，无论混搭还是搭配北欧风格的家居都很合适。有些几何纹样地毯立体感极强，适用于光线较强的房间内
动物纹样地毯		时尚界经常会采用豹纹、虎纹作为设计要素。这种动物纹样有一种天然的野性韵味，这样的地毯让空间瞬间充满个性
植物花卉纹样地毯		植物花卉纹样地毯较为常见，能给大空间带来丰富饱满的效果，在欧式风格中，多用此类地毯来营造典雅华贵的空间氛围

9.4.3 地毯色彩搭配

在色调单一的居室空间中，铺上一块色彩或纹样相对丰富的地毯，地毯所在的区域会立刻成为目光的焦点，让空间重点突出。在色彩丰富的家居环境中，最好选用能呼应空间色彩的纯色地毯。

如果地面与某一件家具在色彩上有过于明显的反差，铺一张色彩明度介于两者之间的地毯，就能让视觉有一个更为平稳的过渡。如果地面与家具的颜色过于接近，那么，在视觉上很容易将它们混为一体，这时就需要一块色彩与两者有着明显反差的地毯，从视觉上将它们一分为二，而且地毯的色彩与两者的反差越大，效果越好。如果空间中地面与主体家具的颜色都比较浅，很容易使空间失去重心，不妨选择一块颜色较深的地毯来充当整个空间的重心。

在空间面积偏小的房间中，应格外注意控制地毯的面积，地面铺满地毯会让房间显得过于拥挤，而最佳选择是地毯面积应占地面总面积的1/2~2/3。此外，相比于大房间，小房间里的地毯更应注意与整体装饰色调和图案的协调统一。

△ 如果家具与地面色彩反差较大，地毯的作用就是让两者之间在视觉上有一个平稳的过渡

△ 如果地面与家具的颜色较浅，可选择一块深色地毯以增强空间的稳定感

△ 如果家具与地面的颜色比较接近，就需要选择一块色彩与两者形成明显反差的地毯

9.5

花瓶与插花的装饰作用

Interior decoration Design

9.5.1 插花风格搭配

插花不但可以丰富装饰效果，而且作为家居空间氛围的调节剂也是一种不错的选择。有的插花代表高贵，有的代表热情，利用好不同的插花能创造出不同的空间情调。

欧式风格插花		欧式风格插花具有西方艺术的特色，不讲究花材个体的线条美和姿态美，只强调整体的艺术效果。在花材和色彩的选择上，欧式插花通常风格热烈、简明，会将大量不同色彩和质感的花进行组合，整体显得繁盛、热闹
中式风格插花		中式风格插花追求花材的自然之美，赋予花材丰富的内涵与象征性，并注重花材与花瓶、几架以及摆放环境的统一。造型上讲究形似自然，没有明显的人工痕迹。花材往往选用身边唾手可得的材料，如路边的野花野草、枯树枝等
乡村风格插花		乡村风格在美学上崇尚自然美感，凸显朴实风味，插花和花瓶的选择也遵循自然朴素的原则。花瓶不宜选择形态过于复杂和精致的造型，花材也多以小雏菊、薰衣草等小型花为主。不做特殊造型，随意插摆即可
现代风格插花		现代风格家居空间一般选择造型简洁、体量较小的插花作为点缀，插花数量不宜过多，一个空间最多两处。花瓶以纯色的几何形状为佳，白绿色的花艺或纯绿植与简洁干练的空间是最佳搭配

9.5.2 花瓶类型

花瓶关系到整体气氛的营造，花瓶与花材应在大小、外形、色彩、材质上形成和谐搭配。有时候漂亮的花材插在同样漂亮的花瓶里，却给人一种很别扭的感觉，这是因为花瓶与花材的搭配出现了问题，不同类型的花瓶搭配合适的花材才能起到赏心悦目的装饰效果。花瓶品种繁多，形态各异。以制器材料来分，有玻璃、陶瓷、金属、木质和草编等花瓶。每一种材料的花瓶都有其自身的特色，插花后都会产生各种不同的效果。

玻璃花瓶	玻璃花瓶既有储水性和耐高温的特点，又具有透明度和独特的光泽。玻璃花瓶分为透明、磨砂和水晶刻花等类型。如果单纯为了插花，选择透明或磨砂花瓶就可以
陶瓷花瓶	陶瓷花瓶是陶质和瓷质花瓶的统称，也是使用历史最为悠久的花瓶之一。陶瓷花瓶可分为朴素与华丽两种截然不同的风格，朴素花瓶是指单色或未上釉的类型；华丽花瓶则是指花瓶本身使用釉彩较多，花样、色泽都较为丰富的类型
金属花瓶	金属花瓶是指由铜、铁、银、锡等金属材料制成的花瓶。金属花瓶的可塑性非常高，无论纯金属还是以不同比例镕铸的合成金属，只要经过镀金、雾面或磨光处理，以及各种色彩的搭配，就都能呈现出不同的效果
自然材质花瓶	自然材质指用木、竹、草等自然材料制作而成的花瓶。木质花瓶颜色朴实，质地厚实，经常用于衬托颜色不显眼的植物。竹子是东方的象征，适合日式或中式空间使用，并且对花材的需求量不大，只追求意境。草编花瓶是由草制成的，适用于北欧风格或田园风格空间

9.5.3 插花步骤

大片奔放的花朵如芍药、玫瑰、百合、郁金香等拥有鲜艳夺目的色彩和饱满厚实的花瓣，芳香扑鼻，喜气洋洋。簇簇丛丛的碎花如绣球、小扣菊、勿忘我、丁香花、刺芹等淡雅清新，精致低调。细细密密扎成一束，也能给空间增添优雅趣味。比较好打理的草类如尤加利叶、黄金球等叶子类植物，即使干了也能保持原样，不会变得枯萎难看，是制作干花的常用花材。

有些花店会在花茎末端附上一支含有保鲜液的保鲜管，通常，花束在不插瓶的状态下可维持 2~3 天的养分，但如果买来只为欣赏，最好回到家后马上整理并将保鲜管拔掉。

无论在自家种植还是去花店购买花材，都要对其进行适当的清洁和整理。先将花茎浸于水中，再截断过长的部分，这样可以避免空气中的气泡到达切口处，从而阻碍花茎微管束的通畅，造成日后吸水不畅。

将花茎修剪成斜面或十字切口，以增加吸水面积；记得将花茎上的叶修减 1/2 以上，避免养分过度消耗和泡水腐烂。

修剪整理完毕后，尽速将花束放入盛水的花瓶中，插花的高度是花瓶高度的 1.5~2 倍，瓶内水位约为瓶高的 1/3 即可。

只有保持瓶内水干净，才能确保开花质量与延长观赏期。如果有些花朵、叶、果出现凋萎现象，需随手修剪掉，以保持光束的美观和卫生。

有浓烈香味的花，如百合、紫罗兰、夜来香、栀子花等可能对睡眠有影响，所以不宜放在卧室。但是放在卫浴间、厨房，可以遮盖一些气味。

有轻微毒性的花，如朱顶红、水仙、茉莉花、郁金香等的汁液带有毒性，如果手上有伤口，触碰后可能会感染，如果触碰这些汁液后，要及时洗手。这些花不适合长期放在餐厅、卧室，适宜放在客厅、过道。

9.6

装饰画的选择与悬挂方法

Interior decoration Design

9.6.1 装饰画的类型

在软装设计中，装饰画主要分为机器印刷画、定制手绘画和实物装裱三大类。机械印刷画中有成品画芯。画芯品质不论高低，均统称印刷画。定制手绘画多种多样，包括国画、水墨画、工笔画、油画等，这些各式各样的画品都属于手绘画的不同表现形式。实物装裱，也称装置艺术。比如，平时看到的一些工艺画品，它的画面是由许许多多金属小零件或陶瓷碎片组成的。

类型		特点	制作周期
机器印刷画		家居空间中最为常见的装饰画类型，价格相对较低，几十元到几百元不等，但表面比较光滑，缺少立体感	画芯、卡纸及画框装裱，一般需要 1~2 周时间
定制手绘画		视觉上显得自然，有墨迹的立体感，可以水洗且不掉色，具有一定的收藏价值，价格几百元或几百万元不等	通常需要 20~50 天时间进行绘制，完成后再加上装裱画框的时间，一般需要 1~2 个月时间
实物装裱		以一些实物为装裱内容，给人耳目一新之感，立体感较强。根据内嵌的物品不同，价格差别比较大	先制作实物画芯，然后排列画面里的所有材料，再进行粘贴或者一些其他工艺的加工，一般需要 2~3 周时间

9.6.2 装饰画色彩搭配

如果不想通过后期施工对墙面色彩和图案进行处理，那么，装饰画就是快速改变墙面“妆容”的利器。选择装饰画的首要原则是与空间的整体风格相一致；其次，针对不同的空间可以悬挂不同题材的装饰画；最后采光、背景等细节也是选择装饰画时需要考虑的因素。装饰画的色彩要与室内空间的主色调相协调，一般情况下，两者之间应尽量做到色彩的有机呼应。

画面色彩

需要和房间内的沙发、桌子、地面或者墙面的颜色相协调，这样才能给人以和谐舒适的感觉。装饰画的主色最好从主要家具中提取，而点缀的辅色可以从饰品中提取。

画框色彩

画框颜色要根据画面本身的颜色和内容来定。一般情况下，如果整体风格相对和谐、温馨，画框宜选择墙面颜色或画面颜色的过渡色；如果整体风格相对有个性，装饰画也多采用墙面颜色的对比色，则可采用色彩突出的画框，产生更强烈和更具动感的视觉效果。

△ 从房间内的主要家具中提取装饰画的主色，给人以整体和谐之感

9.6.3 挂画尺寸与比例

通常，人站立时候视线的平行高度或者略低的位置是装饰画的最佳观赏高度。餐厅中的装饰画要挂得低一点，因为人一般都是坐着吃饭，视平线会降低。如果是两幅一组的挂画，中心间距最好在 7~8cm 左右。这样才能让人觉得这两幅画是一组画，当眼睛看到这面墙时，只有一个视觉焦点。如果在空白墙上挂画，画面的中心位置距离地面 1.5m 处是最佳挂画高度。有时装饰画的高度还要根据周围摆件来决定，一般摆件的高度和面积以不超过装饰画的 1/3 为宜，并且不能遮挡画面的主要表现点。

装饰画和墙面的比例

最理想的挂画宽度 = 墙面的宽度 ×0.57。
如果想要挂一组画，就先把一组装饰画想象成一个单一的个体。

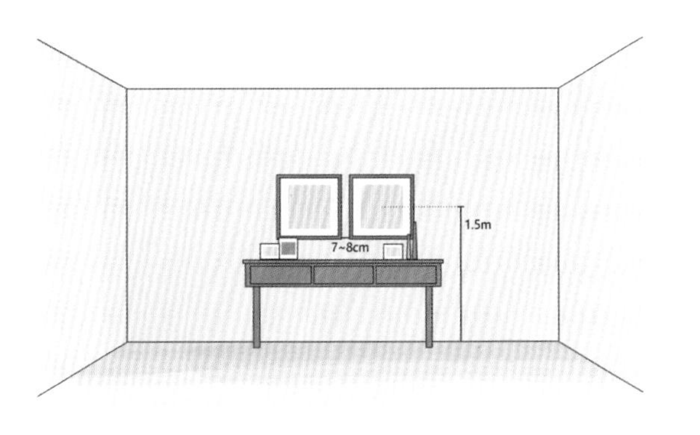

△ 装饰画悬挂尺寸

△ 餐厅中的装饰画要挂得低一点，因为人一般都是坐着吃饭，视平线会降低一些

9.6.4 七种常见的挂画形式

挂法	示例	说明
对称挂法		多为 2~4 幅装饰画，以轴心线为准，采用横向或纵向的形式均匀对称分布，画与画的间距最好小于单幅画宽度的 1/5，达到视觉平衡的效果
宫格挂法	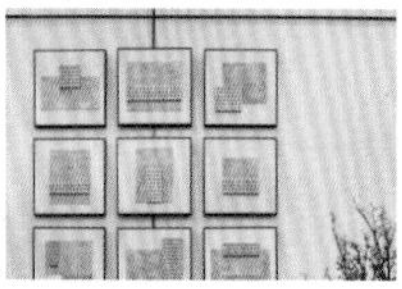	宫格挂法是最不容易出错的方法。只要用统一尺寸的装饰画拼出方正的造型即可。悬挂时上下齐平，间距相同，一行或多行均可
混搭挂法		采用一些挂钟、工艺品挂件来替代部分装饰画，并且整体混搭排列成方框，形成一个有趣的更有质感的展示区
对角线挂法		以对角线为基准，装饰画沿着对角线分布。组合方式多种多样，最终可以形成正方形、长方形、不规则形状等
水平线挂法		上水平线挂法是将画框的上缘保持在一条水平线上，形成一种将画悬挂在一条笔直绳子上的视觉效果；下水平线挂法是指无论装饰画如何错落，所有画框的底线都在同一水平线上
搁板陈列法	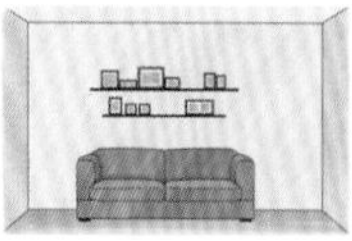	当装饰画置于搁板上时，可以让小尺寸装饰画压住大尺寸装饰画，将重点内容压在非重点内容前方，这种方式给人以视觉上的层次感
阶梯排列法	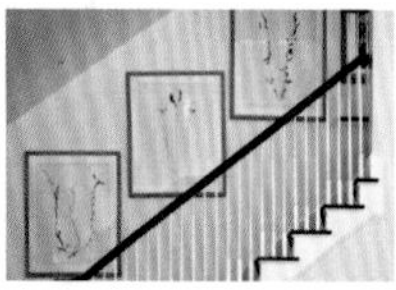	楼梯的照片墙最适合用阶梯排列法，核心是照片墙的下部边缘要呈现阶梯向上的形状，符合踏步而上的节奏。这样不仅具有引导视线的作用，而且表现出十足的生活气息